北方中药材
种植与加工技术

● 张素君　主编

U0306373

中国农业科学技术出版社

图书在版编目（CIP）数据

北方中药材种植与加工技术 / 张素君主编. —北京：中国农业科学技术出版社，2020.7（2025.2重印）

ISBN 978-7-5116-4811-2

Ⅰ.①北… Ⅱ.①张… Ⅲ.①药用植物—栽培技术—中国 ②中药加工 Ⅳ.①S567 ②R282.4

中国版本图书馆 CIP 数据核字（2020）第 103773 号

责任编辑　徐　毅
责任校对　贾海霞

出 版 者　中国农业科学技术出版社
　　　　　北京市中关村南大街12号　　　邮编：100081
电　　话　（010）82109708（编辑室）　（010）82109702（发行部）
　　　　　（010）82109709（读者服务部）
传　　真　（010）82106631
网　　址　http://www.castp.cn
经 销 者　各地新华书店
印 刷 者　北京捷迅佳彩印刷有限公司
开　　本　850mm×1 168mm　1/32
印　　张　6.75
字　　数　190千字
版　　次　2020年7月第1版　　2025年2月第13次印刷
定　　价　30.00元

《北方中药材种植与加工技术》

编 委 会

　　中草药本来都是天然野生的，但随着市场需求量的不断增大，使得越来越多的野生药材品种野生量远远满足不了市场需求，所以，就有了中草药种植。人为种植中草药难免会带有农残和重金属超标的现象发生。规范中草药种植标准，提倡人工仿野生种植和规范产地加工非常必要。因为中草药关乎人命，关系到人的身体健康和生命安全。规范有序的中草药种植产业也是增加农牧民收入，对解决"三农"问题，促进生态文明建设具有深远的意义！

　　笔者从事农作物种植研究33年，其中，涉及中草药种植也近20年，特别是最近5年来，在内蒙古自治区通辽市奈曼旗药材办从事中草药种植专业生产研究，对中草药种植生产和产地加工有了更深刻的认识。笔者用5年的时间从事中草药种植研究试验示范，实地探索中草药种植生产过程中中草药的生长状况，中草药的生长年限与中药成分的变化以及中草药产地加工对中药材质量和中药成分的影响。历时近一年的时间完成了此书编写。

　　本书编写了51种中草药种植加工技术，其中，根类及根茎类药材26种，花类药材5种，果实与种子类药材11种，全草类药材7种，皮类药材2种。本书对每种中药材的基本情况、选地整地技术、播种育苗技术、田间管理技术、病虫害防治及采收加工技术都做了系统介绍。编写过程中，作者力求准确，科学实用，语言通俗易懂，技术深入浅出。

本书可作为高素质农民的培训教材，也可作为广大中药材种植户和农业技术人员的参考书。由于本人水平有限，书中缺点错误在所难免，敬请读者批评指正。

编　者

2020年3月

目 录

第一章 根类和根茎类药材栽培技术

第一节 蒙古黄芪

一、概述

蒙古黄芪为豆科黄芪属多年生草本植物，因质地柔韧又称"蒙古绵芪"。据记载，蒙古黄芪原产山西省和内蒙古自治区（以下简称"内蒙古"）包头一带，据说这一带的野生黄芪品质柔韧，质量最优。野生黄芪遍布内蒙古各地，特别是通辽、赤峰一带，野生黄芪多野生在温带和暖温带地区，喜日照和凉爽气候，耐旱、怕热，不耐涝，有较强的耐寒能力，多生长在沙丘或树林边缘、向阳山坡、灌丛、林间草地、疏林下及草甸和路旁，喜欢通透疏松的土壤环境，以土层深厚的冲积土为最佳土壤。黄芪一般5—6月开花，7—8月种子成熟。黄芪种子成熟度达到80%时采收最好，这时采收的种子种皮薄，易吸水，出苗率高。老熟的黄芪种子，种皮厚硬，吸水困难，出苗率低。大田生产直播黄芪时，都对黄芪种子进行处理，提高出苗率。内蒙古地区大田直播春播以5月中旬为最佳播种期，此时，地温10～12℃，一般10～15天即可出苗。秋播以雨季（7—8月）播种为最佳播期，雨季播种，天气湿润多雨，地温又高，出苗快而整齐。

二、栽培技术

（一）选地整地

黄芪耐旱怕涝，是深根作物，应选择土层深厚，地势高燥，排水良好，疏松肥沃的沙质土壤栽培。一般要求深翻（以秋翻为好）35～45cm，亩（1亩≈667m^2。全书同）施腐熟好的优质农家肥2 000～3 000kg，氮、磷、钾总含量大于或等于45%的复合肥30～40kg，过磷酸钙70～80kg，将化肥和农肥均匀撒施后，用机械深松后耙细整平待播，播前一定要浇1次透水。

（二）繁殖方法

黄芪生产主要是大田直播和育苗移栽两种繁殖方式。直播黄芪根条长，有效含量高，质量好，一般3～4年采挖，采挖困难。育苗移栽的黄芪保苗率高，1～2年就可以采挖，采挖相对容易，但根条分叉多，外观质量差。

1. 留种和采种

以生长2年植株生长旺盛，疏密适中或略稀的黄芪种植基地作为留种田。7—8月，黄芪种子变褐色时即可采收，割下植株晒干后脱粒，去掉杂质后晒干。

2. 种子处理

首先选当年采收的无虫蛀、无病变、种皮黄褐色或棕黑色、饱满、种仁白色的种子，放在10%的食盐水溶液中搅拌，将漂浮在水面的秕粒和杂质捞出，将沉于底下的饱满种子做种，种子捞出后用清水反复冲洗，并做进一步处理，方法如下。

（1）沸水浸种催芽。将种子放入沸水中搅动约1分钟，立即加入冷水，将水温调至40℃，再浸泡2小时，将水倒出，种子加覆盖物或装入麻袋中闷8～12小时，中间用15℃水滤洗2～3

次，待种子膨大或外皮破裂时，可趁雨后播种。

（2）机械处理。用碾米机放大"流子"机械串碾1~2遍，以不伤种胚为度。然后将打磨后的种子放在40℃的温水中浸泡8~10小时，捞出后控干水分，阴干后播种。

（3）硫酸处理。将老熟硬实的黄芪种子，放入70%~80%浓硫酸溶液中浸泡3~5分钟，取出种子迅速在流水中冲洗30分钟左右，此种处理后的种子发芽率达90%以上。

3. 黄芪种子直播

春、夏、秋均可直播，春播在5月中旬播种，出苗快，生长时间长，为最佳播种期。夏播容易草苗一起长，造成草荒，所以，最好不夏播。秋播以雨季（7—8月）为最佳播期，此时播种出苗快而整齐，缺点是生长时间短。

播种方法主要采用条播的方法，很少穴播。条播按行距20~30cm，开3cm深的浅沟，将种子均匀播入垄内，覆土1.5cm，播后镇压，亩用种量2~3kg。

4. 育苗移栽

在种子奇缺昂贵或旱地缺水直播难以出苗保苗时，可以采用育苗移栽。育苗主要应抓好如下5个技术环节：一是选择土层深厚、土质疏松、透气性好的沙质土壤；二是施肥做畦，每亩施优质农家肥2 000~3 000kg，磷酸二铵50kg，硫酸钾15kg，深翻30~40cm，耙细整平，做成畦面宽120~150cm，垄沟宽40cm，高30cm的高畦；三是适时播种，春播4月末或5月上旬，夏播5月末到6月上旬，将经过处理的种子撒播或条播于床面，覆土厚约1.5cm，每亩用种子10kg（育苗田用种量）；四是加强幼苗期管理，出苗后适时疏苗和拔除杂草，并视具体情况适当浇水和排水；五是移栽管理，9月或第二年4月中旬，选择条长、苗壮、少分枝、无病虫伤斑的幼苗移栽，行距为25cm，株距5～10cm，一般采用错苗平栽，沟深一般以8～10cm为宜，栽后适时镇压。每亩栽苗1.5万～1.7万株。1亩苗一般可栽5～8亩生产田。

（三）田间管理

1. 播后管理

黄芪种子小，拱土能力弱，播种浅，覆土薄，播种后要适时浇水，保持土壤湿润，以保证出苗。

2. 中耕除草与间定苗

当幼苗出现5片小叶，苗高5～7cm时，按株距3～5cm三角状进行间苗，结合间苗进行1次中耕除草；苗高8～10cm时进行第二次中耕除草，以保持田间无杂草，地表土层不板结。当苗高10～12cm时，条播按株距6～8cm定苗，亩留苗2.4万～2.6万株。黄芪生长期间，每次雨后或浇水后，一定要进行田间松土除草，这是控制草荒的关键措施。

（1）水肥管理。黄芪具有"喜水又怕水"的特性，要适时排灌水；在植株生长旺期，每亩追施复合肥50kg，于行间开沟施入，施肥后浇水。

（2）打顶。为控制地上部生长，减少由于开花结果消耗营养，一般在黄芪开花时间是5—7月，在此期间将黄芪中上部开花的部分茎叶割掉，促进根部生长。

（四）病虫害防治

1. 病害

（1）白粉病。白粉病主要为害黄芪叶片，初期叶表面生白粉状斑；严重时，整个叶片被一层白粉所覆盖，叶柄和茎部也有白粉。防治措施如下。

①实行轮作：忌连作，不宜选豆科植物和易感白粉病的作物为前茬，前茬以玉米为好。

②加强田间管理：适时间苗、定苗，合理密植，以利于田间通风透光，可减少发病。施肥时，以有机肥为主，注意氮、磷、钾比例配合适当，不要偏施氮肥，以免徒长，降低植株抗病性。

③药剂防治：一是发病初期，用小苏打50g，加50g红糖，对水20kg喷雾，3天喷1次，连续喷3次；二是交替使用以下药剂，7~10天喷施1次，连续防治2~3次。用25%三唑酮（粉锈宁）可湿性粉剂800倍液，或50%多菌灵可湿性粉剂500~800倍液，或12.5%腈菌唑3 000倍液，或10%笨醚甲环唑水剂1 500倍液，或5%烯唑醇乳剂1 000倍液喷雾。

（2）根腐病。根腐病主要为害根部，植株表现叶片变黄枯萎，茎基部至主根均变为红褐色干腐状，上有红色条纹或纵裂，则根很少或已腐烂，病株极易自土中拔起，主根维管束变褐色，在潮湿环境下，根茎部长出粉红色霉层。植株往往成片枯死。防治措施如下。

①控制土壤湿度，防止积水。

②与禾本科作物轮作，实行条播和高畦栽培。

③发病初期用99%恶霉灵可湿性粉剂3 000倍液或50%多菌灵口可湿性粉剂600倍液等灌根。

（3）紫纹羽病。紫纹羽病通常称为"水锈"，多是由于浇水过多或湿度过大，土壤过黏通透性差造成的。通常在黄芪根部或根头部出现粗糙的紫色斑块，会降低商品品质。防治方法：雨后及时松土是保持土壤通透性，减少浇水次数，用草木灰撒在田面，吸湿杀菌，增加黄芪抗病性。

2.虫害

（1）蚜虫。蚜虫是黄芪的主要害虫，一般发生在高温闷热天气或天气连续阴晦不晴，田间通透性差时极易发生蚜虫病害。防治方法是在发现中心虫株后立即用吡虫啉和阿维菌素喷雾即可。如果一次防不住，改用高效氯氢菊酯喷雾交互用药。

（2）地下害虫。播种时随种子撒施辛硫磷颗粒防治。

三、采收加工

（一）种子采收

当荚果下垂，果皮变白，果内种子呈褐色时采收。采收时，可用人工采摘或用收割机收割地上部分植株（地上留7~10cm），晒干后脱粒，去掉杂质和秕粒，放置在通风干燥处贮藏。

（二）根药采收

直播黄芪一般多以3~4年采收。春季在解冻后进行，秋季在植株枯萎时进行。育苗移栽的黄芪，一般在栽种当年秋季可采收。采收时将植株割掉清除田外，人工或用起药机采挖，人工去净根部，抖净泥土。运至晾晒场晒至七八成干时，捆成小把再晾晒全干即可。一般亩产150kg。

第二节 甘 草

一、概述

甘草为豆科甘草属多年生灌木状草本植物，又名乌拉尔甘草、甜根子、甜草。甘草的主要成分是甘草苷、甘草酸、三萜类和黄酮类化合物。甘草味甘、性平，归心、肺、脾、胃经。功效补脾益气，清热解毒，祛痰止咳，缓急止痛，调和诸药。在中药方剂的君臣佐使中，甘草担任中药的"使"的角色，因甘草能解百药之毒，调和诸药。李时珍在《本草纲目》中称甘草为"国佬"，有"十方九草"之称，用于脾胃虚弱，倦怠乏力，心悸气短，咳嗽痰多，脘腹、四肢挛急疼痛，痈肿疮毒，缓解药物毒性、烈性。主治伤寒咽痛、肺热喉痛、肺热喉痛，肺痿、小儿疾病等。

甘草在我国集中分布于三北地区（东北、华北和西北各省区），而以新疆维吾尔自治区（全书简称新疆）、内蒙古，宁夏回族自治区（全书简称宁夏）和甘肃等省区为中心产区。甘草为我国传统中药，商品甘草的原植物大多为乌拉尔甘草，少数为光果甘草。20世纪70年代又将西北产的胀果甘草收载于《中国药典》，随着药用资源的开发利用，黄甘草、粗毛甘草及云南甘草也进入药用资源的行列。

二、栽培技术

（一）选地整地

甘草多生长于北温带干旱和半干旱地区，沙漠边缘、山坡或河谷。土壤多为沙质土，在酸性土壤中生长不良，甘草喜光照充足、降水量较少、夏季酷热、冬季严寒、昼夜温差大的生态环境，具有喜光、耐旱、耐热、耐盐碱和耐寒的特性。因此，种植地应选择地势高燥，土层深厚、疏松、排水良好的向阳坡地。土壤以略偏碱性的沙质土、沙壤土或覆沙土为宜。甘草在钙质土壤上生长品质好。忌在涝洼、地下水位高的地段种植；土壤黏重时，可按比例掺入细沙。选好地后，进行翻耕。一般于播种的前一年秋季施足基肥，每亩施厩肥2 000～3 000kg，深翻土壤35～45cm，然后整平耙细，灌足底水以备第二年播种。

（二）甘草的繁殖方式

1.种子繁殖

甘草种子先进行处理后再播种。4月下旬至5月上旬，在做好的垄上挖深1.5～2cm的浅沟2条，将处理后的种子均匀播入沟内，覆土浇水。播后半月可出苗。起垄栽培比平畦栽培好，便于排水，通风透光，根扎得深。若冬前播种，可不用催芽。每亩播种2.5kg左右。

2.根茎繁殖

根茎繁殖宜在春秋季采挖甘草，选其粗根入药。将较细的根茎，截成长15cm的小段，每段带有根芽和须根，在垄上开10cm左右的沟两条，按株距15cm将根茎平摆于沟内，覆土浇水，保持土壤湿润。每亩用种苗90kg左右。

3.分株繁殖

在甘草母株的周围常萌发出许多新株，可于春秋季挖出移栽即可。

4.组培繁殖

取甘草的生长点和幼嫩组织放到培养基上在无菌的条件下培养成若干甘草苗，再将甘草苗移栽到定植床上栽培管理，这种方法可缩短甘草的繁殖周期。

5.甘草种子处理

甘草种子的千粒重是7.0～12.1g。栽培用的种子净度要求达85%以上。由于甘草种子的种皮硬而厚，透性差，吸水困难，播后不易萌发，出苗率低造成缺苗现象。所以，甘草种子播前必须处理。处理种子的方法有2种。

（1）碾压破碎处理。将种子在碾盘上铺3cm厚，用碾米机打磨种子种皮，注意种子的变化，到种皮发白色时即可；再将种子放入40℃清水中浸泡2~4小时，晾干备用，发芽率可达60%以上。现在多用碾米机打磨，将碾米机放大"流子"串2遍，以不伤种胚为度。

（2）浓硫酸处理。将选好的甘草种子与98%的浓硫酸按1.5∶1的比例混合搅拌均匀，3~5分钟后，用清水反复冲洗净种子，及时晒干，发芽率可达90%以上。

（三）甘草大田直播

甘草播种分春播、夏播和秋播，内蒙古地区春播一般在公历的4月下旬，阴历的谷雨后进行。对于灌溉困难的地块，可在夏季或初秋雨水丰富时抢墒播种，夏播一般在7—8月，秋播一般在9月进行。首先做畦，畦宽4m，然后灌透水，蓄足底墒。播种前种子可先进行催芽处理，也可直接播种处理好的干种子。播种量为2.5~3.5kg/亩，播种行距20~30cm，播种深度1~1.5cm。可采用人工播种，也可采用播种机进行机械播种。播种后镇压，一般经1~2周即可出苗，也可选在5月上中旬播种，只要当日平均气温升至10℃以上，地面温度升至20℃以上即可进行播种。甘草苗长到4片叶时除草1次，直播甘草不旱不浇水，甘草苗下部4片叶片发黄，2~3片叶开始落叶时方可浇水。浇水一定要浇透，7月将甘草苗上部割掉，控上促下，促进地下根系生长，增加产量。第二年小满前后套种菟丝子，每亩可产菟丝子50~75kg，亩收入2 000~3 000元。一般大田直播甘草3年可亩产鲜根2t左右。

介绍一种甘草高产种植方法：这种方法就是打孔种植甘草，先将有机肥、磷酸二铵、硫酸钾均匀翻入土壤内，然后将土地耙平整细压实，灌足底墒水，再用打孔机打深60cm，直径2～3cm的孔，将处理好的甘草种子点播在孔内，稍镇压后覆盖地膜提温保墒，出苗后将地膜揭掉。注意防除杂草，这种方法种植的甘草3年后每亩可产出甘草鲜根3t以上，且根条直顺，粗细均匀，品质一流。但这种方法只适用于小面积种植。

（四）甘草大田栽苗种植

栽苗种植即在上一年5—6月直播甘草种子育苗，亩播甘草种子10～12.5kg，宽幅条播，行距12～15cm，覆土0.5～1cm，第二年春天4月即可将甘草苗挖出大田栽种，一般育一亩甘草苗可供5～8亩以上的大田栽植。标准甘草苗长度应在25～35cm，无分叉，无病虫，表皮红色或淡红色。

大田栽植亩用甘草苗110～150kg，栽种前先将土地深翻25～30cm，整平耙细，浇足底墒水，亩施农家肥2 000～3 000kg，磷酸二铵50kg，硫酸钾15～20kg。按行距20～25cm，开深12cm的垄，株距8～10cm，即将甘草苗交错平放在垄内，覆土6～7cm，播后镇压。一般10～15天即可出苗。不旱不浇水，生长期间可以打1次苗后除草剂，及时除草，第二年10月下旬即可采挖，一般可亩产鲜根800～1 500kg。

三、田间管理

（一）灌溉

甘草播种前最好浇1次透水后再播种，甘草在出苗前后要经常保持土壤湿润，以利于出苗和幼苗生长。具体灌溉应视土壤类型和盐碱度而定，沙性无盐碱或微盐碱土壤，播种后即可灌水；土壤黏重或盐碱较重的土壤应在播种前浇水，抢墒播种，播后不灌水，以免土壤板结和盐碱度上升。栽培甘草的关键是保苗，一般植株长成后不再浇水。

（二）除草

在出苗的当年，尤其在幼苗期要及时除草。从第二年起甘草根开始分蘖，杂草很难与其竞争，不再需要中耕除草。甘草田杂草防除方式有以下3种。一是选择杂草少的地块：甘草属豆科多年生草本植物，在选地时要选择杂草少的地块，特别是要注意地块内宿根性杂草多的地块最好避开。二是化学除草技术：播前选用氟乐灵或二甲戊灵封闭。出苗后喷施杂草，除草效果可达90%以上。三是人工除草：甘草从播种到幼苗封垄是杂草为害最为严重的时期，此时幼苗生长慢，杂草对幼苗影响大，应及时安排除草和中耕。每次雨后或浇水后，都要及时松土除草。

（三）追肥

当甘草长出4～6片叶时，追施磷肥、尿素一次每亩10kg。第二年返青后，追施磷肥30～40kg每亩，促进根茎生长，不再使用氮肥，防止植株徒长。

（四）甘草常见病虫害防治

1.病害

（1）甘草褐斑病。症状叶片产生近圆形或不规则形病斑，病斑中央灰褐色，边缘褐色，在病斑的两面都有黑色雾状物。防治方法如下。

①农业防治：与禾本科作物轮作；合理密植，促苗壮发，尽力增加株间通风透光性；以有机肥为主，注意氮、磷、钾配方施肥，避免偏施氮肥。注意排水；结合采摘收集病残体携出田外集中处理。

②药剂防治：发病初期用80%络合态代森锰锌800倍液，或50%多菌灵可湿性粉剂600倍液；发病盛期喷洒25%醚菌酯1 500倍液，或12.5%烯唑醇可湿性粉剂1 000倍液，或25%腈菌唑乳油4 000～5 000倍液喷洒，连续喷2～3次。

（2）甘草白粉病。症状先是叶片背面出现散在的点状、云片状白粉样附着物，后蔓延至叶片正反两面，导致叶片提前枯黄。防治方法如下。

①农业防治：参见褐斑病。

②化学防治：发病初期，喷施40%氟硅唑乳油5 000倍液，或12.5%烯唑醇可湿性粉剂1 500倍液，或10%苯醚甲环唑水分散颗粒剂1 500倍液，10天左右喷施1次，连喷2～3次。

2. 虫害

（1）地老虎。

①农业防治：种植前秋翻晒土及冬灌，可杀灭虫卵、幼虫及部分越冬蛹。

②物理防治：成虫活动期用糖醋液（糖∶酒∶醋＝1∶0.5∶2）放在田间1m高处诱杀，每亩放置5～6盆。

③物理防治：用黑灯光诱杀成虫。

④药剂防治：可采取毒饵或毒土诱杀幼虫及喷灌药剂防治，毒饵诱杀，每亩用50%辛硫磷乳油0.5kg，加水8～10kg，喷到炒过的40kg棉籽饼或麦麸上制成毒饵，傍晚撒于秧苗周围，毒土诱杀，每亩用90%敌百虫粉剂1.5～2kg，加细土20kg制成，顺垄撒施于幼苗根际附近。喷灌防治，用90%敌百虫晶体或50%辛硫磷乳油1 000倍液喷灌防治幼虫。

（2）蝼蛄。

①农业防治：使用充分腐熟的有机肥，避免将虫卵带到土壤中去。

②药剂防治：为害严重时可每亩用5%辛硫磷颗粒剂1～1.5kg与15～30kg细土混匀后撒入地面并耕耙，或于定植前沟施毒土。

（3）甘草叶甲。

①农业防治：灌冻水压低越冬虫口基数。

②化学防治：卵孵化盛期或若虫期及时喷药防治，特别是5—6月虫口密度增大期，要切实抓好防治，用50%辛硫磷乳油1 000倍液，或1%苦参碱水剂500倍液，或4.5%高效氯氰菊酯乳1 000倍液，或2.5%的联苯菊酯乳油2 000倍液等喷雾防治。

（4）甘草蚜虫。于蚜虫发生初期用吡虫啉和阿维菌素喷雾防治；或用高效氯氢菊酯或啶虫脒交互喷雾防治。

（5）红蜘蛛。红蜘蛛是甘草常见虫害，当天气干旱高温闷热时，甘草极易发生红蜘蛛。防治方法：用杀螨醇和阿维菌素喷雾防治，连喷2～3次。

四、采收加工

（一）采收

移栽甘草一般生长2～3年即可收获，在秋季9月下旬至10月初采收，以秋季茎叶枯萎后为最好。此时收获的甘草根质坚体重，粉性大、甜味浓。直播种植的甘草3～4年为最佳采挖期。根茎繁殖的2～3年采收为佳。采收时必须深挖，不可刨断或伤根皮。挖出后去掉残茎和泥土，忌用水洗，趁鲜分出主根和侧根，去掉芦头、毛须、支杈，晒至半干，捆成小把。再晒至全干。

（二）加工

甘草可加工成皮草和粉草。皮草即将挖出的根及根茎去净泥土，趁鲜去掉茎头、须根，晒至大半干时，将根条顺直，分级扎成小把的晒干品。以外皮细紧，有皱沟，红棕色，质坚实，粉性足，断面黄白色为佳。

粉甘草即去皮甘草，以外表平坦、淡黄色、纤维性、半纵皱纹者为佳。

第三节 苦 参

一、概述

苦参，是中药名，又称苦骨、牛参、川参，是豆科槐属多年生半灌木状草本植物苦参的干燥根，别名：地槐、好汉枝、山槐子、野槐。具有清热、燥湿、杀虫、利尿之功效，治疗热毒血痢、肠风下血、黄疸尿闭、赤白带下、阴肿阴痒、小儿肺炎、疳积、急性扁桃体炎、痔满、脱肛、湿疹、湿疮、皮肤瘙痒、疥癣麻风、阴疮湿痒、瘰疬、烫伤等病症。外用可治疗滴虫性阴道炎。

苦参根呈长圆柱形，下部常有分枝，长10~30cm，直径1~7cm，表面灰棕色或棕黄色，具纵皱纹和横长皮孔样突起，外皮薄，多破裂反卷，易剥落，剥落处显黄色而光滑；质硬，不易折断，断面纤维性，切片厚3~6mm。切面黄白色，具放射状纹理和裂隙，有的具异型维管束呈同心性环列或不规则散在。

苦参株高50~120cm。根呈圆柱状，外皮黄色。茎枝草本状，绿色，具不规则的纵沟，幼时被黄色细毛。单数羽状复叶，互生；下具线形托叶；叶片长20~25cm，叶轴上被细毛；小叶5~21枚，有短柄，卵状椭圆形至长椭圆状披针形，先端圆形或钝尖，基部圆形或广楔形，全缘。总状花序顶生，被短毛，苞片线形。花淡黄白色。荚果线形，先端具长喙，成熟时不开裂。种子通常3～7枚，种子间有缢缩，黑色，近球形。花期5—7月。果期8—10月。

苦参的有效成分主要是苦参碱，苦参碱是农业生产上很好的杀虫剂和杀菌剂，是开发生物农药的原材料。野生苦参分布全国各地，在内蒙古苦参多生于沙丘、沙丘边缘和林下等地，局部成丛状生长，抗旱性和抗寒性极强，是防风固沙的优势品种。

二、栽培技术

（一）选地整地

苦参野生于沙地、沙丘、山坡草地、沙漠边缘、丘陵、路旁和林下，喜温暖凉爽气候，耐瘠薄，对土壤要求不严，一般沙壤土和黏壤土均可生长。但苦参为深根性植物，应以土层深厚肥沃，排灌方便的壤土或沙质壤土为宜。要求深翻30～40cm，每亩施入充分腐熟的有机肥2 000～3 000kg或三元复合肥100kg。耙平整细，浇足底墒水后即可播种。

（二）繁殖方式

苦参大田主要以种子直播为主，也可育苗移栽繁殖和分根繁殖。种子繁殖7—10月，当苦参荚果变为深褐色时，即可采摘晒干、脱粒、簸净杂质晒干，置干燥处备用。

1. 大田直播

苦参春秋夏全年都可以播种，春播容易草苗一起长，造成草荒。内蒙古地区多选择雨季或秋季播种苦参来降低苦参种植成本（避开草荒）。播种方法多以条播为主，按行距30～50cm，株距20cm播种，即用玉米播种机、播种箱换上播种高粱或播绿豆用的播种盘即可播种苦参，亩用种量2～4kg。

播种前要进行种子处理，方法：用40~50℃温水浸种10~12小时，取出后沥干水分后即可播种；也可用湿沙层积处理种子，即种子与湿沙按1:3混合，放阴冷处20~30天后再播种。于4月下旬至5月上旬，在整好的畦上，按行距20~25cm，株距20cm，开深5~6cm的穴，每穴播种4~5粒种子，用细土拌草木灰覆盖，保持土壤湿润，15~20天出苗。苗高5~10cm时间苗，每穴留壮苗2株（苦参从春到秋每个季节都可播种）。

2. 分根繁殖

春、秋两季均可。秋栽于落叶后，春栽于萌芽前进行。春、秋季栽培均结合苦参收获。把母株挖出，剪下粗根作药用，然后按母株上生芽和生根的多少，用刀切成数株，每株必须具有根和芽2~3个。按行距50cm，株距20~40cm栽苗，每穴栽1株。栽后盖土、浇透水。

3. 苦参也可以育苗移栽

苦参育苗于上年的5—6月在选好的苗床上按行距15~20cm，株距10~15cm播种，亩用种量15~20kg。当年秋天或第二年春天地上部萌发之前挖出根苗移栽，一般1亩苗田的苗可栽种大田5~6亩。苦参育苗移栽比种子直播的根茎长得快。

三、田间管理

（一）中耕除草

苗期要进行中耕除草和培土，保持田间无杂草和土壤疏松、湿润，以利苦参生长。

（二）追肥

苗高15~20cm时可进行追肥，每亩施磷酸铵15kg或复合肥

20kg。贫瘠的地块要适当增加追肥数量。

（三）合理排灌

苦参除天特别干旱及施肥后要及时浇水外，生长期内基本不浇水。雨季要注意排涝，防止积水烂根。

（四）摘花

除留种地外，要及时剪去花薹，以免消耗养分。

（五）种子

苦参是多年生半灌木状植物，苦参种植的第二年即可采收苦参种子，以后苦参产种子量逐年增加。

（六）病害防治

苦参很少发病，只有在特殊的环境下才发病。

1. 叶枯病

8月上旬到9月上旬发病，发病时叶部先出现黄色斑点，继而叶色发黄，严重时植株枯死。防治方法：用50%多菌灵可湿性粉剂600倍液或50%甲基托布津500~800倍液喷洒2~3次，间隔7天喷施1次。

2. 白锈病

发病初期叶面出现黄绿色小斑点，外表有光泽的疱状斑点，病叶枯黄，以后脱落，多在秋末冬初或初春季发生。防治方法如下。

①清理田园：将残株病叶集中烧毁或深埋；选择禾本科或豆科轮作。

②合理密植：加强肥水管理，提高植株抗病能力。

③药剂防治：发病后可选用10%，苯醚甲环唑水分散颗粒剂1 500倍液，40%的氟硅唑乳油5 000倍液，40%咯菌腈可湿性粉剂3 000倍液等，每7～12天喷1次，连续喷雾2～3次。

3. 根腐病

常在高温多雨季节发生，病株先从根部腐烂继而全株死亡，发病初期用50%多菌灵500～800倍液，或30%恶霉灵+25%咪鲜胺按1：1配1 000倍液灌根，7天喷灌1次，喷灌3次以上。

四、采收加工

苦参栽种4～5年后采挖。刨出全株，按根的自然生长情况，分割成单根，去掉芦头、须根，去掉泥沙。将鲜根切成1cm厚的圆片或斜片，晒干或烘干。一般亩产鲜根1 000～1 500kg，干品500kg以上。

第四节　防　风

一、概述

防风为伞形科防风属多年生草本植物防风的干燥根。别名：铜芸、回草、百枝。有关防风、口防风、水防风和东方风之分。味辛、甘，性微温。归膀胱、肝、脾经。具有祛风解表，胜湿止痛、止痉等功效。主治感冒头痛，风湿痹痛，风疹瘙痒，破伤风等。此外，防风叶、防风花也可供药用。防风株高40～100cm，全体无毛。根粗壮，茎基密生褐色纤维状的叶柄残基。茎单生，二歧分枝。基生叶三角状卵形，长7～19cm，2～3

回羽状分裂，最终裂片条形至披针形，全缘，叶柄长2～6.5cm，顶生叶简化具扩展叶鞘。复伞形花序顶生，伞梗5～9个，不等长。小伞形花序有花4～9朵，小总苞片4～5片，披针形；萼齿短三角形，较显著。花瓣5瓣，白色，倒卵形，凹头，向内卷。双悬果卵形，幼嫩时具疣状突起，成熟时裂开成2分果，悬挂在2果柄的顶端，分果有棱。花期8—9月，果期9—10月；多野生于山坡、路旁、草原、丘陵和多古砾山坡上。主产黑龙江、吉林、辽宁、内蒙古、河北、山东等省（区）。以内蒙古东部产的防风为道地药材，素有"关防风"之称。

二、栽培技术

（一）防风栽培品种

1. 关防风

关防风又称旁风，品质最好，其外皮灰黄或灰褐（色较深），枝条粗长，质糯肉厚而滋润，断面菊花心明显。多为单枝。尤以产于黑龙江省声西部为佳，被誉为"红条防风"。

2. 口防风

口防风主产于内蒙古中部及河北省北部、山西省等地，其表面色较浅，呈灰黄白色，条长而细，较少有分枝，顶端毛须较多但环纹少于关防风，质较硬，不及关防风松软滋润，菊花心不及关防风明显。

3. 水防风

水防风又名"汜水防风"，主产于河南省灵宝、卢氏、荥阳一带、陕西省南部及甘肃省定西、天水等地，其根条较细短，长10～15cm，直径0.3～0.6cm，上粗下细呈圆锥状，环纹少或无，多分枝，体轻肉少，带木质。

（二）选地与整地

防风对土壤要求不十分严格，但应选地势高燥向阳、排水良好、土层深厚、疏松的沙质土壤。黏土、涝洼地、酸性大或重盐碱地不宜栽种。由于防风主根粗而长，播种栽植前，每亩施充分腐熟的有机肥2 000 ~ 3 000kg，过磷酸钙50 ~ 100kg，或单施三元复合肥80 ~ 100kg，均匀撒施后深耕35cm，耙细整平。做成宽1.2m，高15cm的高畦。春秋整地皆可，但以秋季深翻，春季再浅翻做畦为宜。

（三）繁殖方式

防风繁殖方式包括种子繁殖、分根繁殖2种方式。分根繁殖又分为母根繁殖和公根繁殖，防风的根头（即蚯蚓头）生产上称谓"母根"，主要用来生产种子；防风根的后半段，生产上称谓"公根"，公根用来生产防风药材。防风大田生产主要是种子直播。

1. 种子繁殖

防风播种分春播和秋播。秋播在上冻前，第二年春出苗，以秋播出苗早而整齐。春播在4月中下旬，播种前将种子放在35℃的温水中浸泡24小时，捞出控净水分稍阴干，即可播种。播种时在整好的畦上按行距25 ~ 30cm开沟，均匀播种于沟内，覆土不超过1.5cm，稍加镇压。每亩播种量2.5kg左右。播后20 ~ 25天即可出苗。当苗高5 ~ 6cm、植株出现第一片真叶时，按株距6 ~ 7cm间苗。

2. 分根繁殖

在收获时取直径0.7cm以上的根条，截成5 ~ 8cm长的根段，按行距30cm开沟，沟深6～8cm，按株距15cm栽种，栽后覆土3～5cm。用种量60～75kg/亩。

三、田间管理

（一）除草

由于防风出苗时间比较长，出苗时极易发生草荒而导致种植失败。所以，防风播种前一定要用氟乐灵封闭。浇播前透水后，待田面能进行农事操作时，选择傍晚及时喷洒氟乐灵（因氟乐灵不稳定，见光分解），前边喷药，后面马上用旋耕机浅悬5～6cm，形成药土层即可，防治效果达到90%以上。

（二）浇水

防风由于出苗时间比较长，所以，要根据天气情况，看土壤的墒情合理适时地进行浇水，切忌大水漫灌。对于板结的地块，在浇水后进行浅锄划，有利于秧苗的顺利出土，从而达到苗齐苗壮的目的。同时，在苗期还要注意及时除草。

防风在播种后和出苗前最佳浇水方式，是用地喷管每天喷淋田面，保持土壤湿润，以利出苗。防风怕水涝，生育期内要注意排水，防止水淹。

防风出苗后至2片真叶前，土壤必须保持湿润状态，3叶以后不遇严重干旱不用灌水，促根下扎。6月中旬至8月中下旬，可结合追肥适量灌水。雨季应注意及时排除田内积水，否则，容易积水烂根。

（三）追肥

为满足防风生长发育对营养成分的需要，生长期间要适时适量进行追肥。一般追肥2次，第一次在6月中下旬，每亩施复合肥50kg；第二次于8月中下旬，每亩施复合肥30kg。

（四）病虫害防治

1. 病害

（1）白粉病。被害叶片两面呈白粉状斑，后期逐渐长出小黑点，严重时叶片早期脱落，防治方法：一是增施磷钾肥以增强抗病力，并注意通风透光；二是发病时喷25%粉锈宁乳油（三唑酮）1 000倍液，或戊唑醇或12.5%的烯唑醇1 000倍液喷雾防治。

（2）斑枯病。主要为害叶片，病斑近圆形，严重时叶片枯死。发病初期可选用70%代森锰锌可湿性粉剂500倍液，50%多菌灵可湿性粉剂600倍液或25%醚菌酯1 500倍液喷雾，药剂应轮换使用，每7~10天喷1次，连续2~3次。

（3）根腐病。主要为害根部，使植株的根腐烂，叶片枯萎变黄甚至整个植株死亡，一般在夏季或多雨季节发生。一旦发现病株需及时拔除，在病株的病穴撒石灰进行消毒。发病时可用50%多菌灵或甲基硫菌灵（70%甲基托布津可湿性粉剂）500~800倍液，或30%恶霉灵+25%咪鲜胺按1∶1复配1 000倍液或用10亿活芽孢和克枯草芽孢杆菌500倍液灌根，7天喷灌1次，喷灌3次以上。

2. 虫害

（1）黄翅茴香螟。幼虫在花蕾上结网咬食花与果实。防治方法：用5%氯虫苯甲胺悬浮剂1 000倍液或5%甲氨基阿维菌素苯甲酸盐乳油3 000倍液等喷雾。

（2）黄凤蝶。幼虫为害花、叶，一般6—8月发生，被害花、叶被咬成缺刻或仅剩花梗。防治方法：可人工捕杀，产卵盛期或卵孵化盛期用Bt生物制剂（每克含孢子100亿）300倍液喷雾防治，或用氟啶脲（5%抑太保）2 500倍液，或25%灭幼脲悬浮剂2 500倍液，成虫酰肼（24%米满）1 000～1 500倍液，或在低龄幼虫期用0.36%苦参碱水剂800倍液，或用多杀霉素（2.5%莱喜悬浮剂）3 000倍液等喷雾。7天喷1次，连喷2～3次。

四、采收加工

（一）采收

防风采收一般在当年秋10月，或第二年的10月中下旬，或春季萌芽前采收。春季根插繁殖的防风当年可采收；秋播的一般于第二年冬季采收。防风根部入土较深，松脆易折断，采收时须从畦的一端开深沟，顺序挖掘，或使用专用机械收获。根挖出后除去残留茎叶和泥土，运回加工。

（二）加工

将防风根晒至半干时去掉须毛，按根的粗细分级，晒至八九成干后扎成小捆，再晒或烤至全干即可。

第五节　北沙参

一、概述

北沙参是伞形科珊瑚菜属2年生草本植物，原野生于山坡草丛中，对土壤的要求不严，以耕层深厚的沙壤土、壤土为佳，北沙参喜光，忌积水，生长适宜温度为18～22℃，越冬期耐寒能力强。幼苗期30天左右；根茎生长期90～100天，要求有适宜的生长环境，如土壤板结，没有很好的整地，易形成畸形根；越冬休眠期长达150~180天。越冬前保持土壤有充足的水分，做好田间管理。在翌年4月下旬进入返青期，满足返青期植株生长发育对养分、水分、温度等条件的需要是形成健壮植株的关键。种子有胚后熟休眠，经0~5℃低温处理120天，发芽率达97%。

北沙参喜阳光充足、温暖、湿润的气候，能耐寒、耐干旱、耐盐碱，但忌水涝、忌连作。适宜北沙参生长的生态地理范围较广，北至辽宁省，南至广东省、海南省。气候条件差异大，年均气温8~24℃，积温400~9 000℃，无霜期150天以上，最冷月平均气温-10℃以上，最热月平均气温25℃以上，年降水量600~2 000mm。

北沙参适宜区与最适宜区分布于辽东、华北及山东胶东地区。山东省莱阳、文登、海阳，河北省安国、秦皇岛，内蒙古赤峰、通辽，辽宁省大连，江苏省连云港等地均适宜其生产。其中山东省莱阳为最适宜区。

二、栽培技术

（一）选地整地

北沙参对土壤要求不严格，但以选则背风向阳，土层深厚、土质疏松肥沃、排灌方便的沙质壤土为佳，前茬以小麦、稻谷、玉米等为好。黏土、低洼积水地不宜种植。每亩施农家肥4 000kg做基肥，深翻40~45cm，整细耙平后做1.5m宽的畦，四周开好深50cm的排水沟。

（二）种子处理

北沙参种子必须做层级处理后方能出苗。冬播采用当年采收的成熟种子。播种前搓去果翅，放入清水中浸泡8~10小时后，捞起稍晾一下堆起来，每天翻动1次，水分不足的应适当喷水，直至种仁润透为止。春播，应于入冬前将鲜种子埋藏于室外土中或挂于井中水面以上，使之经过低温处理以利于发芽出苗。如果是干种子，应放入25℃的温水中浸泡4~8小时，捞起晾后，与湿沙按1：3混合，放入木箱内冷冻，于春天解冻后取出播种。

（三）播种

有窄幅条播、宽幅条播和撒播。大面积栽培多采用宽幅条播。

窄幅条播按行距10~15cm，横向开播种沟，沟深4cm左右，播幅宽6cm左右，沟底要平。将种子均匀撒入沟中，粒距3~4cm，然后开第二条播种沟，将土覆盖第一沟种子，覆土后用脚顺沟踩1遍。如此开1沟，播种1沟循环下去。

宽幅条播按行距22~25cm，横畦开播种沟，沟深4cm左右，播幅宽13~17cm。播种、覆土、粒距等与窄幅条播要求相同。

撒播将畦中间的细土向两边刨开，深约3cm，然后将种子均匀地撒于畦面，再用细土覆盖种子，并推平畦面，稍加镇压即可。

播种量依土质、灌溉条件等而异，沙质土壤每亩播种量6kg（干种子，处理的种子35~40kg）；纯沙地每亩播种量3.5~4kg即可；2年参地播种量宜多些，每亩7.5~10kg。纯沙地播种的，覆土后再顺播幅表面撒盖一层黄泥或小酥石块，以防大风将沙或种子刮走，造成缺苗断垄。

三、田间管理

（一）除草

早春解冻后，若土地板结，要用铁耙松土，保墒。由于北沙参是密植作物，行距小，茎叶嫩、易断，故出苗后不宜用锄中耕，但必须随时拔草。

（二）间苗及定苗

待小苗具2～3片真叶时，按株距3cm左右成三角形间苗。苗高10cm时定苗，株距6cm。

（三）水肥管理

生长前期易遇干旱，可酌情适当浇水，保持土壤湿润。生长后期及雨季积水应注意排水。定苗后进行第一次追肥，施清淡腐熟人畜粪水1 000kg，以促进幼苗生长。5—6月进行第二次追肥（根外追肥），用0.3%～0.5%尿素溶液和0.3%的磷酸二氢钾溶液各喷1次。第三次施肥可在7月后根条膨大期进行，追施过磷酸钙每亩40kg、饼肥60kg。北沙参植株密度较大，追肥困难，追肥时要仔细操作，勿伤植株根部。

（四）摘蕾

非留种田，应及时摘除花蕾。

（五）病虫害防治

1. 病害

（1）根结线虫病。5月幼苗刚出土就开始发生。线虫侵入根部，吸取汁液形成根瘤，主根成畸形，叶枯黄，严重影响植株生长，甚至造成大片死亡。防治方法：忌连作，可与禾本科作物轮作；不选用前作是花生等豆类作物的土地。药剂防治可用5%的克线磷颗粒剂，于播种时施入播种沟内，每亩用量5kg，也可以在整地时每亩施生石灰50kg，可杀死幼虫和卵。

（2）北沙参病毒病。5月上中旬发生，一般种子田发生较重。发病植株叶片皱缩扭曲，生长迟缓，矮小畸形。防治方法：

选用无病植株留种，彻底防治蚜虫、红蜘蛛等病毒传播者。

（3）锈病。7月中下旬开始发生，茎叶上产生红褐色病斑，后期表面破裂，散出大量的棕褐色呈粉状的夏孢子，严重时使叶片或植株早期枯死。防治方法：收获后清理园地，特别是种子田要彻底清理干净，集中烧毁病残体，增施有机肥、磷钾肥，以增强植株抗病能力；发病初期可喷25%粉锈宁可湿性粉剂1 000倍液，或波美0.2～0.3度石硫合剂，以控制为害。

2. 虫害

（1）大灰象甲。大灰象甲又名象鼻虫，主要为害刚出土的幼苗，造成缺苗。防治方法：早春解冻后，在北沙参地周围种白芥子可引诱此虫，每亩用15kg鲜萝卜条，加90%美曲膦酯晶体10g撒于地面诱杀。

（2）钻心虫。幼虫钻入植株各个器官内部，导致中空，不能正常开花结果，每年发生多代，栽培2年生以上的植株危害严重。防治方法：7—8月进行灯光诱杀，90%美曲膦酯加水500倍杀幼虫。

（3）蚜虫。为害植株茎叶的害虫，主要是胡萝卜微管蚜，年发生2～3代，5月下旬为高峰期。防治方法：于发生初期喷洒阿维菌素吡虫啉全田封闭。

（4）黑绒金龟子。苗期为害，用人工捕杀或施锌硫磷消毒土壤进行防治。

四、采收加工

（一）采收

1年参于第二年"白露"到"秋分"参叶微黄时采收，称"秋参"。2年参于第三年"入伏"前后采收，称"春参"。内蒙古地区多当年4月初直播，秋季9—10月采挖。采收应选晴天进行，在参田一端刨60cm左右深的沟，稍露根部，然后边挖边拔根，边去茎叶。起挖时要防止折断参根，以保证其品质，并随时用麻袋或湿土盖好，保持水分，以利剥皮。

（二）加工

将参根洗净泥土，按粗细长短分级，用绳扎成2~2.5kg小捆，放入开水中烫煮。其方法：握住芦头一端，先把参尾放入开水中煮几秒钟，再将全捆散开放进锅内煮，不断翻动，2~4分钟以能剥下外皮为度，捞出，摊晾，趁湿剥去外皮，晒干或烘干，通称"毛参"。供出口的"净参"，是选一级"毛参"，再放入笼屉内蒸1遍，蒸后趁热把参条搓成圆棍状，搓后用小刀刮去参条上的小疙瘩及不平滑的地方，晒干，用红线捆成小把即成。

商品规格有以下3种。

一等干货：呈细长条圆柱形，去净栓皮。表面黄白色。质坚而脆。断面皮部淡黄白色，有黄色木质心。微有香气，味微甘。条长34cm以上，上中部直径0.3~0.6cm。无芦头、细尾须、油条、虫蛀、霉变。

二等干货：条长23cm以上，其余同一等级。

三等干货：条长22cm以下，粗细不分，间有破碎。其余同一等级。

第六节　板蓝根

一、概述

板蓝根是中药名，是十字花科菘蓝属2年生草本植物的干燥根，具有清热解、凉血利咽等功效，常用于瘟疫时毒、发热咽痛、温毒发斑、痄腮、烂喉丹痧、大头瘟疫、丹毒、痈肿等症，是常用的大宗药材之一。菘蓝的干燥叶也可入药，即"大青叶"，别名：菘蓝、山蓝、大蓝根、马蓝根。具有清热解毒、凉血消斑等功效，常用于温病高热、神昏、发斑发疹等证。

板蓝根适应性很强，在我国大部分地区都能种植，主要产区分布在河北省、安徽省、内蒙古自治区、甘肃省、黑龙江省的大庆等地。生产上常用的栽培品种有小叶菘蓝和四倍体菘蓝。小叶菘蓝从根的外观品质、药用成分含量、药效等方面均优于四倍体菘蓝，而四倍体菘蓝叶大、较厚。因此，以收获板蓝根为主的可以选择小叶菘蓝，以收割大青叶为主的可以选择种植四倍体菘蓝。

二、栽培技术

（一）选地整地

板蓝根适应性较强，对土壤环境条件要求不严，适宜在上层深厚、疏松、肥沃的沙质壤土种植，排水不良的低洼地，容易烂根，不宜选用。种植基地应选择不受污染源影响或污染物含量限制在允许范围之内，生态环境良好的农业生产区域，产地的空气质量符合GB 3095二级标准，灌溉水质量符合GB 5084标准，土壤中铜元素含量低于80mg/kg，铅元素含量低于85mg/kg，其他指标符合土壤质量GB 15618二级标准。

选好地后，每亩施腐熟的农家基肥2 000kg，复合肥30～50kg，或生物肥料100kg。深翻30cm左右，耙细整平做畦，做畦方式可按当地习惯操作。

（二）繁殖方式

板蓝根的繁殖方式是种子繁殖。

1. 播种时间

春播板蓝根随着播种期后延，产量呈下降趋势，但也不是播种越早越好。因为板蓝根是低温春化植物，播种过早若遇倒春寒，会引起板蓝根在当年开花结果，影响它的产量和质量。因此，板蓝根春季播种以立夏以后播种为宜。此外，板蓝根也可在夏季播种，在6—7月收完麦子等作物后进行。

2. 播种方式

播种时，按25～30cm行距开沟，沟深4～5cm，将种子按粒距3～5cm撒入沟内，播后覆土2cm，稍加镇压。每亩播种量1.5～2kg。

3. 留种技术

采挖板蓝根时留出部分植株不挖出，待其自然越冬后，第二年春季5—6月开花结籽，种子成熟后采收，去掉杂质晒干。也可以秋播，第二年春夏季收获种子。产籽的板蓝根根部木质化，失去药用价值。

板蓝根繁种需注意的问题：板蓝根当年不开花，若要采收种子需待到第二年。板蓝根属于异花授粉，不同品种种植太近易发生串粉，导致品种不纯。目前，市场上的板蓝根品种的纯度较低，且大部分为非人为的杂交种子，表现为地上部分多分枝、产量低、药用成分含量不稳定等。因此，板蓝根繁种要注意以下几个方面。第一，选择无病虫害、主根粗壮、不分叉且纯度高的板蓝根作为留种田，并确保周围1km范围内无其他板蓝根品种。第二，第二年返青时，每亩施入基肥1 000～2 000kg，在花蕾期要保证田间水分充足，否则，种子不饱满。第三，待种子完全成熟后（种子呈现紫黑色时）进行采收，割下果枝晒干，除去杂质，存放于通风干燥处待用。

三、田间管理

（一）间苗、定苗

当苗高4~7cm时，按株距8~10cm定苗，间苗时去弱留强，使行间植株保持三角形分布。

（二）中耕除草

幼苗出土后，做到有草就除，注意苗期应浅锄；植株封垄后，一般不再中耕，可用手拔除。大雨过后应及时松土。

（三）追肥

6月上旬每亩追施尿素10~15kg，开沟施入行间。8月上旬再进行1次追肥，每亩追施过磷酸12kg，硫酸钾18kg，混合开沟施入行间。施肥后及时浇水。

（四）灌水排水

定苗后视植株生长情况，进行浇水。如遇伏天干旱，可在早晚灌水，切勿在阳光曝晒下进行。多雨地区和雨季，要及时清理排水沟，以利及时排水，避免田间积水、引起烂根。

（五）病虫害防治

板蓝根的病虫害在营养生长期以白粉病、菜青虫为主，在花期以蚜虫为主。

1. 白粉病

白粉病主要为害叶片，叶面最初产生近圆形白色粉状斑，扩展后连成片，呈边缘不明况的大片白粉区，严重时整株被白粉覆盖后期白粉呈灰白色，叶片枯黄萎蔫。防治方法如下。

（1）农业防治。前茬不选用十字花科作物；合理密植，增施磷、钾肥，增强抗病力。排除田间积水，抑制病害的发生；发病初期及时摘除病叶，收获后清除病残枝和落叶，携出田外集中深埋或烧毁。

（2）生物防治。用2%农抗120水剂或1%武夷菌素水剂150倍液喷雾，7～10天喷1次，连喷2～3次。

（3）药剂防治。发病初期选用戊唑醇（25%金海可湿性粉剂）或三唑酮（15%粉锈宁可湿性粉剂）1 000倍液，或50%多菌灵可湿性粉剂500～800倍液，或甲基硫菌灵（70%甲基托布津可湿性粉剂）800倍液等喷雾防治。

2. 菜青虫（菜粉蝶）

（1）生物防治。菜粉蝶产卵期，每亩释放广赤眼蜂1万头，隔3～5天释放1次，连续放3～4次。或于卵孵化盛期，用100亿/g活芽孢Bt可湿性粉粉剂300～500倍液，或每亩用100～150g的10亿PIB/mL核型多角体病毒悬浮液，或用氟啶脲（5%抑太保）2 500倍液，或25%灭幼脲悬浮剂2 500倍液，或虫酰肼（24%米满）1 000～1 500倍液喷雾防治，7天喷1次，连续防治2～3次。

（2）药剂防治。用多杀霉素（2.5%菜喜悬浮剂）3 000倍液，或高效氯氟氰菊酯（2.5%功夫乳油）4 000倍液，或联苯菊酯（10%天王乳油）1 000倍液，或高效氯氢菊酯1 000倍液等喷雾防治。

3. 蚜虫

（1）物理防治。黄板诱杀蚜虫，有翅蚜初发期可用市场上出售的商品黄板，每亩用30～40块。

（2）生物防治。前期蚜少时保护利用瓢虫等天敌，进行自然控制。无翅蚜发生初期，用0.3%苦参碱乳剂800～1 000倍液喷雾防治。

（3）药剂防治。用10%吡虫啉可湿性粉剂1 000倍液，或3%啶虫咪乳油1 500倍液，或2.5%联苯菊酯乳油3 000倍液，或4.5%高效氯氰菊酯乳油1 500倍液，或50%辟蚜雾可湿性粉剂2 000～3 000倍液或其他有效药剂，交替喷雾防治。

四、大青叶、板蓝根采收

在北方由于种植习惯一般不收割大青叶。若收割大青叶，当以不显著影响板蓝根的产量和药用成分含量为前提。通过试验表明，大青叶第一次收割应在7月底或8月初，若在6月割叶会引起板蓝根产量下降，与不割叶相比降幅达38.43%，这是因为6月为板蓝根产量增加的关键时期，割去叶子势必造成板蓝根产量的大幅下降。第二次收割可选择在收获板蓝根时进行，这样不会对板蓝根产量及成分含量产生明显的影响。

板蓝根适宜采收期的选择主要根据产量和药用成分含量，试验表明，板蓝根的产量随生长期延长而增高，10月和11月产量增加不明显，板蓝根药用成分含量随生长期延长先增高后降低，10月中旬达到峰值。因此，板蓝根的适宜采收期在种植当年10月中下旬。平原种植的板蓝根可以选择大型的收割机械，收割深度在35cm即可，这样不仅提高了效率，还大大节约了人工成本；山区种植不能采用收割机收获的，应选择晴天从一侧顺垄挖采，抖净泥土晒干即可。

第七节 苍 术

一、概述

苍术是菊科苍术属多年生草本植物，以根状茎入药，味辛、苦，性温。功效：燥湿健脾，祛风散寒，明目，辟秽。用于脘腹胀痛，泄泻，水肿，风湿痹痛，脚气痿躄，风寒感冒，雀目。苍术多生长在丘陵、杂草或树林中，喜凉爽、温和、湿润的气候，耐寒力较强，怕强光和高温高湿。它的生长期要求温度15～25℃，幼苗能耐-15℃左右低温。以半阳半阴、土层深厚、疏松肥沃、富含腐殖质、排水良好的砂质壤土栽培为宜。有茅苍术和北苍术之分。

茅苍术主要分布于河南、江苏、湖北、安徽、浙江、江西、江苏等省，南京市郊及金坛、溧阳、溧水，安徽省郎溪、广德，湖北省英山、罗田等地，这些地区均为茅苍术生产的适宜区。江苏省茅山山脉及安徽省郎溪，广德的丘陵地区为最适宜区。

北苍术主要分布于黑龙江、吉林、辽宁、内蒙古、河北、山西、陕西、甘肃、宁夏、青海等省（区）。辽宁省兴城、海城、盖州、庄河、桓仁、抚顺、清原、新宾、宽甸、本溪、凤城、岫岩，内蒙古鄂伦春旗、扎兰屯旗、阿荣旗、莫力达瓦旗，河北省承德，山西省芮城，陕西省太白山等地均为其药材生产适宜区。

苍术主要来源于野生，内蒙古、江苏、安徽、湖北、辽宁、吉林、黑龙江等省（区）为苍术的主产区，年产量占到全国苍术总产量的90%以上，其中，内蒙古占80%，辽宁、吉林、黑龙江3省占10%。销全国并有出口。

二、栽培技术

苍术（北苍术）种子通常在2月中旬至3月上旬萌发，3月中旬至4月上旬破土出苗，随后进入营养生长期。1年生植株不抽薹开花，个别抽薹开花的8月孕蕾，11月中旬至翌年3月中旬休眠。第二年于3月中旬至4月上旬出苗，4月中旬至6月中旬为营养生长期，6月下旬至8月中旬孕蕾，7月中旬至9月上旬开花，9月中旬至11月上旬结果，然后地上部分枯萎，进入休眠期。

（一）选地整地

栽培应选择半阴半阳的荒山或荒坡地，土壤以疏松、肥沃、排水良好的腐殖土或沙壤土为宜。黏性、低洼、排水不良的地块不宜种植。忌连作，前茬作物以禾本科植物为好，露地栽培可与玉米套种，以荫蔽度在30%左右较为适宜。

秋冬播种与移栽的田块，应提前翻耕，春播、春栽田块，宜早耕，以利疏松土壤和减少病虫害。播种或移栽前再翻耕1次。

一般要求深翻25～35cm，整细耙平。浇足底墒水后待播。

（二）繁殖方式

苍术繁殖有育种移栽和块根繁殖3种方式。

1. 种子采集

可以在结果期采集果实作种，也可选择其根茎，进行去须、消毒、切制处理后栽种或适当贮藏备用。果实采集时间为11月地上部分显黄时，将地上部分割下放置，待其全部显黄时，表明果实全部成熟，即可脱粒取籽。应选择颗粒饱满、色泽鲜艳、成熟度一致的无病虫害的种子作种。

根茎则应选择健壮、无病害者剪去须根，用多菌灵1 000倍液喷雾消毒。然后按自然节纵切，晾晒半天至1天，用草木灰拌种。处理后如不立即栽种可用一层黄沙一层根茎堆积的方法贮藏备用，中央要留通气孔，高度不可超过1m，以免发热腐烂。

2. 育苗

种子直播：苍术种子发芽率50%左右。4月初育苗，苗床应选向阳地，播种前深翻，同时，施基肥，北方用堆肥，南方施草木灰等。整细耙平后，作成宽100cm、长330～500cm畦，条播或撒播，每亩用种量60～75kg，播后覆细土2～2.3cm，上盖一层稻草或地膜，经常浇水，保持土壤湿润。出苗后去掉盖草或地膜，苗高3.3cm左右时间苗，苗高10cm左右即可定植。北方育苗期约1年，翌年3月上旬定植，定植地一般利用荒坡空地，于头年秋天耕翻。定植前再耕翻1次，除尽杂草，施足底肥，阴雨天或午后定植容易成活，株行距为16.5cm×（23～40）cm，栽后覆土压紧，然后浇水。

3. 移栽

作宽1.2m，长10m的畦，畦沟宽30～40cm，深20～25cm，畦面成龟背形，做到雨晴后沟中无积水。栽种时将根茎的出苗部分朝上，盖细土、压实，上面再盖薄薄的一层稻草。待苗高6～7cm时，进行移栽。株行距为20cm×30cm，栽种后覆土2～3cm。

三、田间管理

（一）中耕除草

幼苗期要注意中耕除草，除掉杂草、弱苗与密苗。

（二）合理灌溉

出苗前如干旱可浇水保持地面湿润，便于出苗。浇水时应选在早晚，中午不可浇水。雨后及早上露水未干时不可进地。多雨季节要清理畦沟，排除田间积水，以免烂根。

（三）追肥

第一次追肥在立秋以前，每亩用碳酸铵50kg或尿素20kg。第二次在白露以后，追施尿素30kg，钾肥70kg。以后一般每年追肥3次，5月施1次提苗肥，每亩约施1 000kg清粪水；6月生长盛期施人畜粪水，每亩约1 200kg，或每亩施5kg硫酸铵；8月开花前，每亩施人畜粪水1 000～1 500kg，并加施适量草木灰或过磷酸钙。

（四）除花蕾

植株抽薹开花时，可适当摘除花蕾，促进根茎肥大，摘蕾不宜太早或太迟，过早影响植株生长，过迟养分消耗太多，影响茎根生长。

（五）烧荒、培土

于栽种第二年12月中下旬地上部分枯黄时进行烧荒。即在畦面上铺层薄稻草或其他可燃的草，放火烧掉，然后结合施肥进行培土。先施复合肥，然后从畦沟挖土覆盖，以不见复合肥为度，并要保证畦高在20cm以上。

（六）病虫害防治

1.病害

（1）白绢病。主要症状是4月下旬始发，6月上旬至8月中旬渐趋严重，为害根茎及茎基。发病初期，地上部分无明显症状，随着温度和湿度的增高，根茎溃烂，有臭味，最后呈茶褐色菌核，植株枯萎死亡。防治方法：挑选无病苗，并用50%多菌灵

1 000倍液浸渍3~5小时，晾干后栽种。切忌与易感病的茄科、豆科或瓜类等作物连作。选用10%三唑酮可湿性粉剂200mg/kg喷雾防治。在育苗阶段和病害发生初期，施用哈氏木霉生防菌进行生物防治。

（2）根腐病。一般在雨季严重，在低洼积水地段易发生，为害根部。防治办法：进行轮作，选用无病种苗用50%退菌特100倍液浸种栽3~5小时后再栽种；生长期注意排水，防止积水和土壤板结；发病期用50%甲基托布津800倍液进行浇灌。

（3）黑斑病。发病初期由基部叶片开始，病斑圆形或不规则形，两面都能生出黑色霉层，多数从叶尖或叶缘发生，扩展较快，后期病斑连片，呈灰褐色，并逐渐向上蔓延，最后全株叶片枯死脱落。防治方法：进行轮作，切忌同感病的药材或茄科、豆科及瓜类等植物连作，选用无病健壮的栽种，并经药剂消毒处理；销毁病株，病穴撒施石灰消毒，四周植株喷浇70%甲基托布津或50%多菌灵500~1 000倍液，抑制其蔓延为害。

2. 虫害

苍术虫害主要为蚜虫。蚜虫以成虫和若虫吸食茎叶汁液，在苍术的整个生长发育过程中均易发生。防治方法：清除枯枝和落叶，深埋或烧毁。在发生期用50%的杀螟松1 000~2 000倍液或以高效氯氰菊酯1 500~2 000倍液进行喷洒防治，每7天喷1次，连续进行，直到无蚜虫为害为止。

四、采收加工

（一）采收

家种的苍术需生长3~4年后收获。茅苍术多在秋季采挖，北苍术分春秋2季采挖，但以秋后至翌年初春苗未出土前采挖的质量好。野生茅苍术，春、夏、秋季都可进行采挖，以8月采收的质量最好。尽量避免挖断根茎或擦破表皮。

（二）产地加工

茅苍术采挖后，除净泥土、残茎，晒干去掉毛须。北苍术挖出后，去掉泥土，晒至四五成干时装入筐内，撞掉须根，即呈黑褐色；再晒至六七成干时撞第二次，直至大部分老皮撞掉后，晒至全干时再撞第三次，到表皮呈黄褐色为止。

（三）药材性状

茅苍术呈不规则连珠状或结节状圆柱形，略弯曲，偶有分枝，长3～10cm，直径1～2cm。表面灰棕色，有皱纹、横曲纹及残留须根，顶端具茎痕或残留茎基。质坚实，断面黄白色或灰白色，散有多数橙黄色或棕红色油室，暴露稍久，可析出白色细针状结晶。气香特异，味微甘、辛、苦。

北苍术呈疙瘩块状或结节状圆柱形，长4～9cm，直径1～4cm。表面黑棕色，除去外皮者黄棕色。质较疏松，断面散有黄棕色油室。香气较淡，味辛、苦。

北苍术和茅苍术均以个大、形如连珠形状，质坚实，有油性，无须毛，外表黑棕色，断面朱砂点多，放置后生白毛状结晶及香气浓郁者为佳。

第八节　柴　胡

一、概述

柴胡，中药名，是伞形科柴胡属多年生草本植物，是柴胡和狭叶柴胡的干燥根，味苦辛微寒，归肝、胆、肺经。具有和表解里、疏肝解郁、升阳举陷之功效。主要用于感冒发热、寒热往来、胸胁胀痛、月经不调、子宫脱垂、脱肛等治疗。柴胡为大宗常用中药材，年用量已达1万余t，且随着以柴胡为主要原料的药品不断开发上市而快速递增。不仅国内用量大，而且还大量出口，现有资源不能满足市场需要，价格逐年上涨。

柴胡的栽培类型主要有柴胡、狭叶柴胡、三岛柴胡等，其中柴胡已培育出中柴1号、中柴2号、中柴3号栽培品种，狭叶柴胡已培育出中红柴1号栽培品种。

柴胡为《中国药典》收载基源药源植物，俗称北柴胡，主产甘肃、陕西、山西和河北等省，黑龙江、内蒙古、古林、河南、四川等省也有少量栽培。中国医学科学院药用植物研究所已培育出柴胡栽培品种中柴1号、中柴2号、中柴3号。狭叶柴胡也为《中国药典》收载基源植物之一，俗称"南柴胡"，黑龙江、内蒙古等省（区）有种植，中国医学科学院药用植物研究所培育出"中红柴1号"，三岛柴胡也称日本胡柴，由日本或韩国药材公司在我国实行订单生产，基地分布在湖北、河北等省。三岛柴胡在我国为非正品柴胡。野生柴胡多生于沙质草原、沙丘草甸及阳坡疏林下。内蒙古地区野生柴胡多属于红柴胡。

二、栽培技术

（一）选地整地

1. 选地

柴胡属阴性植物，其种子个体小，野生条件下在草丛中、阴湿环境中发芽生长，种植栽培时应为其创造阴湿环境，选择已栽种玉米、谷子或大豆等秋作物的地块进行套种。利用秋作物茂密枝叶形成的天然遮阴屏障，并聚集一定的湿气，为柴胡遮阴并创造稍冷凉而湿润的环境条件。也可选择退耕还林的林下地块或山坡地块，利用林地的遮阴屏障或山坡地上的杂草、矮生植物遮阴。

2. 整地

选择玉米、谷子或大豆茬的地块，播种前结合施足底肥，一般每亩施用腐熟有机肥2 500～3 500kg，复合肥80～20kg，深翻25cm，把细整平。柴胡播前要先造墒，浅锄划，然后播种。没造墒条件的旱地，应在雨季来临之前浅锄划后播种等雨。

（二）繁殖方式

柴胡以种子繁殖。柴胡适应性较强，喜稍冷冻而湿润的气候，较耐寒耐旱，忌高温和涝洼积水。其仿野生栽培的技术关键有如下2点。

1. 把好播种关

①第一年6月中旬至7月上中旬，与秋作物套种的，先在田间顺行浅锄1遍，每亩用种2.5～3.5kg，与炉灰拌匀，均匀地撒在秋作物行间，播后略镇压或用脚轻踩即可，一般20～25天出苗。

②在退耕还林的林下地块种植的，留足树歇带，将树行间浅锄，把种子与炉灰拌匀，均匀地撒在树行间，播后略镇压。

③在山坡地上种植的，先将山坡地上的杂草轻割1遍，留茬10cm左右，种子均匀地撒播，播后略镇压。

2. 把好除草关

第一年秋作物收获时，秋作物留茬10～20cm，注意拔除大型杂草。第二年春季至夏季要及时拔除田间杂草，一般进行2～3次。林下或山坡地块种植，第一年及第二年春夏季主要是拔除田间杂草。仿野生栽培一般第一年播种后，以后每年不再播种，只在秋后收获成品柴胡，依靠植株自然散落的种子自然生长，从第二年开始每年都有种子散落，每年都有成品柴胡收获，3~5年后由于重复叠加生长，需清理田间，进行轮作。

（三）柴胡与玉米、葵花间作套种模式

柴胡与玉米、葵花间作套种模式，为药粮间作，2年3收（或2收）。即第一年玉米地或葵花地套播柴胡，当年收获一季玉米或葵花；第二年管理柴胡，根据实际需要决定秋季是否收获柴胡种子；第二年秋后至第三年清明节前收获柴胡。其技术关键如下。

1.播种玉米或葵花

玉米春播或早夏播，葵花小满后播种，可采取宽行密植的方式，使玉米、葵花的行间距增大至1.1m，穴间距30cm，每穴留苗2株，葵花留1株。玉米留苗密度3 500~4 000株/亩，葵花留苗密度1 750~2 000株每亩。玉米的田间管理要比常规管理提早进行，一般在小喇叭口期前期、株高40~50rm时进行中耕除草，结合中耕每亩施入磷酸二铵30kg。

2.播种柴胡

利用玉米、葵花茂密枝叶形成天然的遮阴效果，为柴胡遮阴并创造稍阴凉而湿润的环境条件。在播种柴胡时，一要掌握好播种时间，柴胡出苗时间长，雨季播种原则为：宁可播种后等雨，不能等雨后播，最佳时间为6月下旬至7月下旬。二要掌握好播种方法，待玉米、葵花株高长到40~50cm时，先在田间顺行浅锄1遍，然后划1cm浅沟，将柴胡种子与炉灰拌匀，均匀地撒在沟内，镇压即可，也可采用耧种或撒播，用种量2.5~3.5kg/

亩，一般20～25天出苗。

柴胡玉米间作套种模式，可实现粮药间作双丰收，当年每亩可收获玉米550～650kg，每亩可收获葵花150～200kg。如计划收获柴胡种子，一般亩产柴胡种子20～25kg；播种后第二年秋后11月至翌年3月中下旬收获柴胡根部，一般每亩可收获45～55kg柴胡干品，按目前市场价格52～60元/kg，2年的亩效益可达4 400～5 400元。平均年亩效益2 200～2 700元。

（四）柴胡播种方法和种子处理

根据柴胡种子的萌发出苗特性，实现一播保全苗。柴胡种子籽粒较小，发芽时间长（在土壤水分充足且保湿20天以上，温度在15～25℃时方可出苗），发芽率低，出苗不齐，俗语说："柴胡不知羞，从春出到秋"。因此，要保证一播保全苗，必须做到以下几点。

1. 选用新种子

柴胡种子寿命仅为1年，陈种子几乎丧失发芽能力，应选用成熟度好、籽粒饱满的新种进行播种。

2. 适时早播种

根据北方春旱夏涝的气候特点，应适时早播，即在雨季来临之前的6月中下旬至7月上旬播种。播在雨头，出在雨尾。

3. 造墒与遮阴

播种之前造好墒，趁墒播种，而且播后应覆盖遮阳物，保持土壤湿润达20天以上；如果没有水浇条件，则应利用两季与高秆作物套作，保证出苗。

4. 增加播种量

根据近年实践，当年种子的亩用量2.5～3.5kg，多者可达

4 ~ 5kg。

5. 浅播浅覆土

柴胡种粒极小，芽苗顶土力弱。播种宜浅不宜深，开沟0.5~1cm撒入种子，浅盖土，镇压即可，如果是机械播种，一定要调节好深浅，切不可覆土过深。

6. 科学处理种子

柴胡种子有生理性后熟现象，休眠期时间长，出苗时间长。打破种子休眠，提高种子出苗率的种子处理方法有：机械磨损种皮、药剂处理、湿水沙藏、激素处理及射线等，但是生产上常用前3种处理。机械磨损种皮：是利用简易机械或人工搓种，吸水出苗提早；药剂处理：用0.8%~1%高锰酸钾溶液浸种15分钟，可提高发芽率15%；湿水沙藏：用40℃温水浸种1天，捞出与3份湿沙混合，20~25℃催芽10天，少部分种子裂口时播种。

三、田间管理

（一）繁殖田的管理

柴胡繁种田除按常规生产田管理之外，还应做好以下几点。

1. 选好地块

柴胡为异花授粉植物，繁种田，首先必须选择隔离条件较好的地块，一般与柴胡种植田块隔离距离不少于1km；其次要选择地势高燥、肥力均匀、土质良好、排灌方便、不重茬、不迎茬、不易受周围环境影响和损坏的地块。

2. 去杂去劣

在苗期、拔节期、花果期、成熟收获期要根据品种的典型性严格拔除杂株、病株、劣株。

3. 防治病虫

①及时防治苗期蚜虫，繁种田的柴胡，一般是2年生柴胡，早春蚜虫危害严重，应选用吡虫啉、灭蚜威及时防治。

②在雨季来临、开花现蕾之前，也是柴胡根茎发生茎基腐病时期，应及时选用扑海因、多菌灵进行喷雾或田间泼洒防治。

③柴胡开花期是各种害虫为害盛期，赤条蝽卷蛾幼虫、螟蛾幼虫发生为害猖獗，应及时选用高效氯氰菊酯、阿维菌素等杀虫剂进行防治。

4. 严防混杂

播种机械及收获机械要清理干净，严防机械混杂；收获时要单收单脱离，专场晾晒，严防收获混杂。

（二）病虫害防治

1. 病害

（1）根腐病。多发生于2年生植株。初感染于根的上部，病斑灰褐色，逐渐蔓延至全根使根腐烂，严重时成片死亡。高温多雨季节发病严重。防治方法如下。

①农业防治：忌连作，与禾本科作物轮作；使用充分腐熟的农家肥，增施磷钾肥，少用氮肥，促进植株生长健壮，增强抗病能力；注意排水。

②药剂防治：发病初期用50%多菌灵或甲基硫菌灵（70%甲基托布津可湿性粉剂）500~800倍液或80%代森锰锌络合物可湿性粉剂800倍液，或30%恶霉灵、25%咪鲜胺按1∶1复配1 000倍液或用10亿活芽孢/g枯草芽孢杆菌500倍液灌根，7天喷灌1次，喷灌3次以上。

（2）锈病。锈病主要为害叶片。感病叶背和叶基有锈黄色病斑，破裂后有黄色粉末。被害部位造成穿孔。防治方法如下。

①农业防治：清洁田园消灭病株残体和田间杂草。

②药剂防治：开花前喷施20%三唑酮乳油1 000倍液，或25%戊唑醇可湿性粉剂1 500倍液，或12.5%的烯唑醇1 500倍液，或25%丙环唑乳油2 500倍液，或40%氟硅唑乳油5 000倍液等喷雾防治。

（3）斑枯病。斑枯病主要为害茎叶。茎叶上病斑近圆形或椭圆形，直径1~3mm，灰白色，边缘颜色较深，上生黑色小点。发病严重时，病斑汇聚连片，叶片枯死。防治方法如下。

①农业防治：入冬前彻底清园，及时清除病株残体并集中烧毁或深埋；加强田间管理，及时中耕除草，合理施肥与灌水，雨后及时排水。

②药剂防治：发病初期用80%大生（络合态代森锰锌）可湿性粉剂800倍液，或25%嘧菌酯悬浮剂1 500倍液，或40%咯菌腈可湿性粉剂3 000倍液等喷雾防治。

2. 虫害

（1）螟蛾幼虫。以幼虫取食北柴胡叶片和花蕾，常吐丝缀叶成纵苞或将花絮纵卷成筒状，潜斑其内取食为害，严重影响植株开花结实。6月初田间发现危害，幼虫为害盛期在7月下旬至8月上旬。防治方法如下。

①农业防治：采取抽薹后开花前及时割除地上部的茎叶，并集中带出田外；如采虫量较少，可以人工捕捉。

②药剂防治：选用高效低毒低残留的4.5%高效氯氰菊酯乳油1 000倍液，或50%辛硫磷乳油1 000倍液等喷雾。

（2）卷叶蛾。幼虫取食刚抽薹现蕾的北柴胡嫩尖。防治方法如下。

①农业防治：采取抽薹后开花前及时割除地上部的茎叶，集中带出田外。

②药剂防治：选用高效低毒低残留的4.5%高效氯氰菊酯乳油1 000倍液，或1%甲氨基阿维菌素乳油2 000倍液等喷雾。

（3）赤条蝽。以若虫、成虫为害北柴胡的嫩叶和花蕾，造成新梢生长衰弱、枯萎，花蕾败育，种子减产。防治方法如下。

①农业防治：冬季清除北柴胡种植田周围的枯枝落叶及杂草沤肥或烧掉，消灭部分越冬成虫。

②药剂防治：在成虫和若虫为害盛期，当田间虫株率达到30%时，选用4.5%高效氯氰菊酯乳油1 500倍液，1%甲氨基阿维菌素乳油2 000倍液等喷雾防治。

（4）蚜虫。以成虫、若虫为害植株嫩尖和叶片，造成叶片卷曲、生长减缓、萎蔫变黄；并且可以传播病毒病，造成北柴胡丛矮、叶黄缩、早衰、局部成片干枯死亡。防治方法如下。

①农业防治：清除田间残枝腐叶，集中销毁。

②药剂防治：10%吡虫啉可湿性粉剂1 000倍液，或4.5%高效氯氰菊酯乳油1 000倍液，或3%啶虫脒乳油1 000倍液等喷雾防治。

四、采收加工

柴胡一般在春、秋季采收。采收时，先顺垄挖出根部，留芦头0.5~1cm，剪去干枯茎叶，晾至半干，剔除杂质及虫蛀、霉变的柴胡根，然后分级捋顺捆成0.5kg的小把，再晒干。分级标准：直径0.5cm以上，长25cm以上为一级；直径0.2~0.4cm，长20cm为二级；直径0.2cm，长18cm为三级。

第九节 赤 芍

一、概述

赤芍是毛茛科芍药属多年生草本植物，以干燥根入药，采挖后除去根茎、须根及泥沙后，晒干，即得赤芍。赤芍味苦、性微寒；归肝经。具有消热凉血、散瘀止痛的功效。用于热入营血、温毒发斑、吐血衄血、目赤肿痛、肝郁胁痛、经闭痛经、腹痛、跌扑损伤、臃肿疮疡等治疗。

野生赤芍药主要分布于北方海拔1 000～1 500m的山坡、谷地、灌木丛、深草丛、林下、林缘及草原的天然植物群落中。

野生赤芍有川赤芍（木赤芍）、多伦粉赤芍、阴山赤芍和东北白花赤芍。

川赤芍主要生长在海拔1 400m以上的高山、峡谷。喜气候温和、阳光充足、雨水适量的环境，耐干旱，抗寒能力较强；也耐高温。雨水过多或土壤积水不利于其生长，水淹6小时以上植株则死亡。对土壤要求不严，以土质肥沃、土层深厚、疏松、排水良好的沙质壤土为好，pH值中性，或稍偏碱性均可。

芍药分布于我国东北、华北、西南以及陕西省和甘肃省南部等地。内蒙古、吉林、黑龙江、辽宁、河北、山西、新疆、宁夏、甘肃、青海等省（区）均适宜其生产。内蒙古多伦、辽宁省凤城和河北省赤城是其最适宜区。川赤芍分布于四川省西部、云南省西北部、西藏自治区（全书简称西藏）东南、青海省东部、甘肃省、陕西省南部、山西省，这些地区均适宜其生产，其中，青藏高原边缘地带的四川省阿坝和甘孜是其最适宜区。

赤芍主产于内蒙古、华北和东北等地。多年来产销基本平衡，销往省内及全国各地，并为传统出口商品。

二、栽培技术

（一）选地整地

选择地势高燥向阳，土层深厚肥沃的壤土或沙壤土为好。施足基肥，亩施优质农家肥2 000kg，三元复合肥40～50kg，深翻地35cm，整平耙细，浇足底墒水后待播。

（二）繁殖方式

赤芍繁殖方式主要有种子繁殖和芽头繁殖两种繁殖方式。大田生产主要采用芽头繁殖。

1.种子繁殖

赤芍种子需要经过低温条件，才能打破胚的休眠而发芽。秋播后经过越冬低温条件，翌春才能出苗。为多年生宿根植物，2—3月露芽出苗，4—6月进入生长盛期，5—7月开花，9月左右种子成熟，根部此时生长最快，有效成分的积累也在此阶段达到高峰。此后，地上部分枯萎，植株进入休眠期。

待种子成熟后采种，采种后不能干燥，否则，发芽力即丧失；立即播种，贮藏时间不能超过1个月。在畦面开横沟，行距20～25cm，沟宽10cm左右。深5～7cm，将种子均匀播种，覆土与畦面平，稍加镇压，面上可盖一层厩肥，以保种子越冬。过于寒冷地区，畦面可盖稻草，翌年春天出苗后揭去。苗期勤除草施肥，在苗圃培育2～3年，才可出圃定植。由于种子繁殖生产周期长，一般要5年以上才能收获，所以，生产上多不采用。

2.芽头繁殖

（1）芽头的选择。采挖的赤芍根，先切下芽头以下的粗根作药用，将芽头按自然生长形状切开，每块具有2～3个芽头，厚2～3cm，多余的切除，然后直接将切块栽种于土内。如果需要贮藏，不要切块，将整个芦头埋于湿沙内即可。

（2）芽头栽种。栽种时间8—10月，过晚则芍芽会发新根，栽种时易断，并且气温降低后，在土内生根慢，影响翌年的生长。

（三）栽培方法

赤芍根入土深，栽植前整地要求精耕细作，四周均要开好排水沟。栽植时间8—10月，采用芽头直接种植，这样可缩短种植年限，有利于土地周转。

（1）大垄栽培。在垄上开沟，间距30cm，芽头朝上用少量土固定芽头后，施入腐熟厩肥、饼肥，覆土后稍加镇压。

（2）畦面开穴种植。行株距因地而异，可以采用60cm×40cm、50cm×50cm、50cm×30cm不等，适当合理密植，亩栽4 000～4 500株，以提高土地利用率，增加产量。一般1亩赤芍根头，可栽种3～5亩赤芍。

三、田间管理

（一）中耕除草

1～2年生的幼苗，生长缓慢，易滋生杂草，除草要勤。由于此阶段根纤细，入土浅，松土宜浅。第三年和第四年除草次数渐减少，每年2～3次，主要于春、夏季进行。

（二）追肥

自栽种第二年起，每年追肥3～4次，在每次中耕除草后进行，到生长旺季，加施饼肥；根部生长旺季，要加施磷钾肥；冬季地上部分枯萎后，追施腊肥，既可增加肥力，又可保温，腊肥主要是土杂肥、厩肥、饼肥、磷钾肥、火灰等混合肥。

（三）培土与灌溉

每年冬季地上部分枯萎后进行清园，结合施腊肥，冬耕培土1次，以保证安全越冬；夏季高温天气，适当培土防旱，并浇水灌溉。雨季要加强清沟排水，防止水涝。在开春后，把根际培土扒开，露出根的上半部晾晒1周左右，再覆土盖严，使须根蔫死，主根生长。

（四）摘蕾

除留种外，其余植株在现蕾时摘除全部花蕾，以免消耗养分，不利根的生长。

（五）病虫害防治

1. 病害

（1）灰霉病。为害茎、叶、花等部位。防治方法：冬季清洁田园，集中烧毁残枝枯叶；轮作；多雨季节及时排水，改善田间透风条件。发病初期喷施1∶1∶100的波尔多液，每7~10天喷1次，直到清除为止。

（2）叶斑病。为害叶片，夏秋季发生。防治方法：发病初期喷1∶1∶100的波尔多液，或800~1 000倍代森锰锌溶液，每隔7天喷1次，直到清除为止。

（3）锈病。为害叶片，5月上旬开花后发生，7—8月发病严重。防治方法：种植地附近不宜有松柏类植物；冬季清洁田园，集中烧毁病残株。发病初期喷施波美0.3~0.4度石硫合剂或萎锈灵500倍液。

（4）红斑病。为害叶片和绿色茎。防治方法：剪除病枝残叶，增施有机肥和磷钾肥。在赤芍发芽后至4月下旬开花前，喷50%甲基托布津1 000倍液，或65%代森锰锌500倍液，每隔10天喷1次，连喷2~3次。

（5）软腐病。为害种芽，种芽堆藏期间和赤芍加工过程中发生。防治方法：贮藏芍芽的河沙用0.3%新洁尔灭溶液消毒后使用；种芽用1%福尔马林或波美5度石硫合剂喷洒消毒。赤芍加工时注意防止霉烂。

（6）褐斑病。为害叶片、叶柄和茎部，夏季发生。防治方法：加强田间管理，降低田间湿度，合理种植；发病初期，用波尔多液或65%代森锰锌500~600倍液喷雾，每隔7~10天用药1次，直到9月为止。

2. 虫害

虫害主要有扁刺蛾、线虫、蛴螬、地老虎、蝼蛄等。扁刺蛾以幼虫蚕食叶片；蛴螬、地老虎、蝼蛄为害根部，造成伤口，引发软腐病。线虫系根结线虫，传播性强，对赤芍为害比较严重。防治方法：扁刺蛾幼虫发生期可选用灭幼脲3号、辛硫磷等。线虫防治可用30%的呋喃丹颗粒剂25g/m^2，于夏季多雨期均匀施于发生地块，后深锄5~10cm；蛴螬在7—8月盛发期可用30%的呋喃丹或50%辛硫磷颗粒剂或甲基异柳磷水剂，与有机肥或沙土混合成毒饵，均匀撒施，然后深锄即可；地老虎、蝼蛄等按照常规方法防治。

四、采收加工

（一）采收

种子繁殖的赤芍，5年后采收；芽头繁殖者，4年采收，8—

9月为最佳采收期，此时地下根条肥壮、皮宽、粉足、有效成分积累最多。选择晴天开挖，先割去地上部分，小心挖出全根，抖去泥土，切下赤芍根加工，留下芦头作种用。

（二）加工

除去地上部分及泥土，洗净摊开晾晒至半干，再捆成小捆，晒至足干。按粗细长短分开，捆成把即可。

商品药材分为一等、二等及统装。

一等干货：根圆柱形，稍弯曲，外表有纵沟或皱纹，皮较粗糙，表面暗棕色或紫褐色。体轻质脆，断面粉白色或粉红色，粉性足。气特异，味微苦酸。长16cm以上。两端粗细较均匀，中部直径1.2cm以上。无疙瘩头、空心、须根、杂质、虫蛀、霉变。

二等干货：长15.9cm以下，中部直径0.5cm以上，其余同一等。

第十节　芍　药

一、概述

芍药为毛茛科芍药属多年生草本植物，以干燥的根入药。芍药药材名分为白芍和赤芍2种，白芍和赤芍加工方法不同。采收洗净后，除去头尾和细根，置沸水中除去外皮或去外皮后再煮，晒干，即得白芍。白芍味苦、酸，性微寒，归肝、脾经；具有养血调经、敛阴止汗、柔肝止痛、平抑肝阳的功效。用于血虚萎黄、月经不调、自汗、盗汗、胁痛、腹痛、四肢痉挛、头晕目眩的治疗。

白芍在我国栽培历史悠久，安徽省亳州是白勺的发源地，神医华佗曾在自家的院子里栽种芍药，并发现了芍药根的药用价值。中国北方多在庭院栽植芍药，主要是为了观赏。

药用的白芍和赤芍到现在为止没有统一的观点，有人认为是同一种植物，只因加工方法不同才有白芍和赤芍之分；也有人认为种植的就是白芍，野生的就是赤芍；甚至还有人以花的单瓣和重瓣、颜色不同等区分。笔者认为白芍和赤芍是同科同属的不同的2个品种，从根的断面颜色看：白芍根断面颜色是白色的；而赤芍根断面颜色是粉色的。

临床应用中，多用白芍，赤芍使用较少。白芍是我国传统常用中药材品种之一，国内外市场需求量大。主产于安徽省、浙江省、四川省，各个地区又有各自的品种类型。产于浙江省杭州的称"杭白芍"，产于四川省中江地区的称"川白芍"或"中江白芍"。此外，江苏、山东、河南、江西、湖南、贵州、陕西、河北、内蒙古等省也有栽培。

二、栽培技术

（一）选地与整地

1. 选地

要求土壤疏松、肥沃，土层较深厚，排水良好，以沙质壤土、夹沙黄泥土或淤积泥沙壤土为好，盐碱地不宜栽种，忌连作可与紫菀、红花、菊花、豆科作物轮作。

2. 整地

将土地深翻40cm以上，整细耙平，施足基肥，施入腐熟的厩肥或堆肥2 000～2 500kg/亩。播前再浅耕1次，四周开排水沟。在便于排水的地块，采用平畦（种后成垄状）。排水较差的地块，采用高畦，畦面宽约15m，畦高17~20cm。

（二）繁殖方式

芍药的繁殖方式有分根繁殖、种子繁殖和芍头繁殖。繁殖以分株为主，方法简便易行，应用广泛。种子繁殖多用于育种及培养根砧。

1. 分根繁殖

选择笔杆粗细的芍根，按其芽和根的自然形状切分成2~4株，每株留芽和根1~2个，根长宜18~22cm，剪去过长的根和侧根，供栽种用。刀口处涂抹少许木炭粉末，以防腐烂。每亩用种根100~120kg。芍药母株如多年不分株，就会枯朽，逐渐转向衰败。生产实践证明，芍药分株必须在秋季进行，春季分株不仅成活率低，而且以后长势也弱，开花时间延后。

2. 种子繁殖

8月中下旬，采集成熟而籽粒饱满的种子，随采随播，若暂不播种，应立即用湿润黄沙（1份种子，3份沙）混拌贮藏阴凉通风处，至9月中、下旬播种。播种可采用条播法，按行距20~25cm开沟，沟深3~5cm，将种子均匀地撒入沟内，覆土1~2cm，稍镇压。翌年4月上旬，幼苗出土时，及时揭去盖草，以利幼苗生长。由于采用种子繁殖的方式，苗株需要2~3年才能进行定植，生长周期长，故生产上应用较少。每亩用种量30~40kg。

3. 芍头繁殖

在收获芍药时，切下根部加工成药材。选取形体粗壮，芽苞饱满，色泽鲜艳，无病虫的芽头作繁殖用。切下的芽头以留有

4~6cm的根为好，过短难以吸收土壤中养分，过长影响主根的生长。然后按芍头的大小、芽苞的多少，顺其自然用不锈钢刀切成2~4块，每块有2~3个芽苞。将切下的芍头置室内晾干切口，便可种植，每亩栽芍头2 500株左右。若不能及时栽种，可暂时沙藏或窖藏。

4.芍头贮藏

生产上芍头多采用沙藏的办法。具体的贮藏方法如下：选平坦高燥处，挖宽70cm、深20cm的坑，长度视芍头的多少而定，坑的底层放6cm厚的沙土，然后放上一层芍头，芽孢朝上，再盖一层沙土，厚5~10cm，芽孢露出土面，之后需经常检查贮藏情况，以保持沙土不干燥为原则。

5.芍药栽植的时间和方法

春栽一般在3月下旬至4月中旬，秋栽一般在9月中下旬至11月上旬。按行距40~50cm，株距30~40cm。用芍头种，开浅平穴，每穴种芍头2个，摆放于穴内，相距4cm，切向朝下，覆土8~10cm，做成馒头状或垄状。

6.芍药的留种技术

（1）芍头繁殖法。芍药收获时，选取形体粗壮，芽苞饱满，色泽鲜艳，无病虫害的芍药全根，切下含芽苞在内长约4~6cm的根部（切下的主报部分加工成药材），按每块芍头有2~3个芽苞。用不锈钢刀切成若干块，然后将切下的芍头置室内晾干切口，或在切口处蘸些干石灰，使切口干燥用沙藏法（参见芍头繁殖法）贮藏窖内或室内，储备至9月下旬至10月上旬取出栽种。每亩需用芍头2 500块左右。

（2）芍根繁殖法。参见芍头繁殖法留种技术。每亩用芍根100~120kg。

（3）种子繁殖法。7月下旬到8月上旬，收获成熟的芍药果实放室内阴凉处堆放10~15天，边脱粒边播种，播种后盖草保湿，保温。种子的寿命约为1年。

三、田间管理

（一）中耕除草

早春松土保墒。芍药出苗后每年中耕除草和培土3~4次。10月下旬，在离地面5~7cm处割去茎叶，并在根际周围培土10~15cm，以利越冬。

（二）施肥

芍药喜欢肥沃的土壤，除施足基肥外，栽后1~2年要结合田间套种进行追肥，第三年芍药进入旺盛生长期，肥水的需要量相对增加。一般每年不少于2次，第一次在3月齐苗后，结合浇水施尿素20kg/亩，饼肥25kg/亩；第二次于8月，施复合肥30kg/亩；第四年在春季追肥1次即可，追施高磷复合肥50~75kg/亩。

（三）排灌

芍药喜旱怕水，通常不需灌溉。严重干旱时，宜在傍晚浇水。多雨季节应及时排水，防止烂根。

（四）摘蕾

为了减少养分损耗，每年春季（一般在4月下旬）现蕾时应及时将花蕾全部摘除，以促使根部肥大。

（五）培土

一般在10月下旬土壤封冻前，在离地面6~9cm处，把白芍地上部分枯萎的枝叶剪去，并在根际处培土，土厚10~15cm，以保护芍芽安全越冬。

（六）病虫害防治

1. 病害

（1）灰霉病。受害叶部病斑呈褐色，近圆形，有不规则轮纹；茎上病斑菱形，紫褐色，软腐后植株倒伏；花受害后变为褐色并软腐，上面有一层灰色霉状物，高温多雨时发病严重。防治方法如下。

①农业防治：选用无病的种子栽培，合理密植，加强田间通风透光，清除被害枝叶，集中烧毁；忌连作，宜与玉米、高粱、豆类作物轮作。

②药剂防治：栽种前用6%满适金种衣剂1 500倍或50%卉友（咯菌腈）可湿性粉剂3 000倍液浸泡芍头和种根10~15分钟后再下种，发病初期，50%卉友（咯菌腈）可湿性粉剂4 000~6 000倍液喷雾，70%灰霉速克60g/苗，50%速克灵可湿性粉剂（腐霉利），50%灭霉灵（福·异菌脲）1 500~2 000倍液，每7~10天1次，交替连喷3~4次。

（2）锈病。初期在叶背出现黄褐色斑点，后期在灰褐色斑背面出现暗褐色粉状物。防治方法如下。

①农业防治：清除残株病叶或集中烧毁，以消灭越冬的病原菌。

②药剂防治：发病时用25%戊唑醇可湿性粉剂1 500倍液，或12.5%的烯唑醇1 500倍液，或25%丙环唑乳油2 500倍液，或40%氟硅唑乳油5 000倍液等喷雾防治。

（3）叶斑病。发病初期，叶正面呈现褐色近圆形病斑，后逐渐扩大，呈同心轮纹状，后期叶上病斑散生，圆形或半圆形。直径2~20mm，褐色至黑褐色，有明显的密集轮纹，边缘有时不明显，天气潮湿时，病斑背面产生黑绿色霉层。严重时片枯黄、焦枯，生长势衰弱，提早脱落。防治方法如下。

①农业防治：发现病叶，及时剪除，防止再次侵染为害。秋冬彻底清除病残体，集中烧毁，减少翌年初侵染源。

②药剂防治：喷药最好在发病前或发病初期，常用药剂可选70%甲基托布津可湿性粉剂800倍液，或50%多菌灵可湿性粉剂600倍液，或50%苯菌灵可湿性粉剂1 000倍液，或80%代森锰锌可湿性粉剂800倍液，或25%醚菌酯悬浮剂1 500倍液等喷雾，药剂应轮换使用，每7～10天喷1次，连续2～3次。

2. 虫害

（1）蛴螬。蛴螬为金龟甲的幼虫。主要咬芍根，造成芍根凹凸不平的孔洞。防治方法如下。

①农业防治：冬前将栽种地块深耕多耙、杀伤虫源，减少幼虫的越冬基数。

②物理防治：利用黑光灯诱杀成虫。

③生物防治：90亿/g球孢白僵菌油悬浮剂500倍生物制剂。

④药剂防治：毒土，每亩用50%辛硫磷乳油0.25kg与80%敌敌畏乳油0.25kg（1：1）混合，拌细土30kg，均匀撒施田间后浇水，提高药效。或用3%辛硫磷颗粒剂3～4kg混细沙土10kg制成药土，在播种或栽植时撒施。毒饵防治，用90%晶体敌百虫粉剂5g对水1～1.5kg，拌入炒香的麦麸或饼糁2.5～3kg，或拌入切碎的鲜草10kg配备毒饵，或用80%敌百虫可湿性粉剂10g加水1.5～2kg，拌炒过的麸皮5kg，于傍晚时撒于田间诱杀幼虫。药液浇灌防治，在幼虫发生期用50%辛硫磷或用90%敌百虫晶体乳油800～1 000倍液等浇灌或灌根。

（2）蚜虫。防治方法如下。

①物理防治：采用黄板诱杀法，在翅蚜发生初期，可采用市场出售的商品黄板，每亩30～40块。

②生物防治：前期蚜量少时可以利用瓢虫等天敌，进行自然控制。无翅蚜发生初期，用0.3%苦参乳剂800～1 000倍液，或天然除虫菊素2 000倍液等植物源杀虫剂喷雾防治。

③药剂防治：用10%吡虫啉可湿性粉剂1 000倍液，或3%啶虫脒乳油1 500倍液，或2.5%联苯菊酯乳油3 000倍液，4.5%高效氯氰菊酯乳油1 500倍液，或50%辟蚜雾2 000～3 000倍液，或50%吡蚜酮2 000倍液，或25%噻虫嗪水分散粒剂5 000倍液，或50%烯啶虫胺4 000倍液或其他有效药剂，交替喷雾防治。

（3）地老虎。除进行人工捕捉外，发生严重地块，可用鲜菜或青草毒饵防治，方法是鲜蔬菜或青草、熟玉米面、糖、酒、敌百虫，按10∶1∶0.5∶0.3∶0.3的比例混拌均匀，晴天傍晚撒于田间即可。

（4）金针虫。主要以成虫在土壤中潜伏越冬，翌年春季开始活动，4月中旬开始产卵。以幼虫咬食芍药幼苗、幼芽和根部，使芍药伤口染病而造成严重损失。防治方法：种植前要深翻多耙，夏季翻耕暴晒、冬季耕后冷冻都能消灭部分虫蛹，也可用50%辛硫磷800倍液喷洒于土中或浇灌芍药根部。

四、采收加工

（一）采收

芍药一般种植3～4年后采收，以9月中旬至10月上旬为宜，过早过迟都会影响产量和质量。采收时，宜选择晴天割去茎叶，先掘起主根两侧泥土，再掘尾部泥土，挖出全根，起挖中务必小心，谨防伤根。

研究发现，对不同粗细的芍药根，芍药苷的含量并没有随着直径的增加而提高，而越细的根中芍药苷含量反而较高。可见在进行芍药根采收时，不可盲目收集粗根，造成资源浪费，对于无病虫害的相对细的根同样可以采收。

（二）加工

1.传统白芍加工法

将芍根分成大、中、小三级，分别放入沸水中大火煮沸5～15分钟，并不时上下翻动，待芍根表皮发白，有气时，折断芍根能掐动切面已透心时，迅速捞出放入冷水内浸泡20分钟，然后手工用竹签、刀片等刮去褐色的表皮放在日光下晒制。

2.生晒芍加工法

有全去皮、部分去皮和连皮3种规格。全去皮：即不经煮烫，直接刮去外皮晒干；部分去皮：即在每支芍条上刮3～4刀皮；连皮：即采挖后，去掉须根，洗净泥土，直接晒干。当地药农和科研单位认为，将白芍全去皮与部分去皮的工作应在晴天9：00—15：00进行比较好，用竹刀或玻璃片刮皮或部分刮皮，晒干即得。

第十一节　射　干

一、概述

射干，中药名，是鸢尾科鸢尾属多年生草本植物射干的干燥根茎。射干味苦，性寒，归肺经，具有清热解毒、祛痰利咽之功效。用于热毒痰火郁结、咽喉肿痛、肺痈、痰咳气喘等症，为治疗喉痹咽痛之要药，现临床用于治疗呼吸系统疾患，如上呼吸道感染、慢性咽炎、慢性鼻窦炎、支气管炎、哮喘、肺气肿、肺心病而见咽喉肿痛和痰盛咳喘者，射干还在治疗慢性胃炎、高敏高疸急性肝炎、伤科创面感染、足癣、阳痿等其他系统和皮肤疾患方面有较好疗效。此外，在治疗禽病如鸭瘟、鸡传染性喉气管炎、喉炎等方面，射干与其他抗病毒、清热解毒药及饲料共用，效果良好。现代研究，还发现射干可用于美发、护肤等产品，对常见的致病性皮肤癣有抑制作用。射干不仅是我国中医传统用药，也是韩国、日本等国传统医学的常用药，近年来国内外，尤其是在日本对其化学成分、药理及开发利用进行了大量深入研究，并以射干提取物为主要原料开发了多种药品。射干除其根茎供药用，也是一种观赏植物，需求量逐年增加，其价格也在波动中不断攀升。

二、栽培技术

（一）选地和整地

射干适应性强，对环境要求不严，喜温暖，耐寒、耐旱，在气温-17℃地区可自然越冬。一般在山坡、田边、路边、地头均可种植。但以向阳、肥沃、疏松，地势较高、排水良好的中性土壤为宜，低洼积水地不宜种植。种植时宜选择地势较高、排水良好、疏松肥沃的黄沙地。每亩用腐熟有机肥3 000kg，复合肥50kg，结合耕地翻入土中，耕平耙细，做畦。

（二）繁殖方式

射干繁殖方式有种子繁殖、根茎繁殖、扦插繁殖3种方式，生产上多采用种子繁殖。

1. 种子繁殖

（1）种子采收。射干播种后2年或移栽当年即可开花。当果实变为绿黄色或黄色，果实略开时采收。果期较长，分批采收，集中晒至种子脱出，除去杂质，沙藏、干藏或及时播种。

（2）种子处理。射干种子外包一层黑色有光泽且坚硬的假种皮，内还有一层胶状物质，通透性差，较难发芽，因而需对种子进行处理。播前1个月取出，用清水浸泡1周，期间换水3~4次，并加入1/3细沙搓揉，1周后捞出，淋干水分，20~23天后取出，春播或秋播。

（3）播种。育苗田，按行距10~15cm，深3cm，宽8cm，开沟播种，播后25天可出苗。直播田在备好的畦面上，按行距30cm播种，亩用种量6kg，稍镇压、浇水，约25天出苗，生产上一般多采用直播。

（4）移栽。育苗1年后，当苗高20cm时定植。选阴天，按行距30cm，株距20cm开穴，每穴栽苗1~2株，栽后浇定根水。

2. 根茎繁殖

春季或秋季，挖取射干根茎，切成若干小段，每段带1~2个芽眼和部分须根，置于通风处，待其伤口愈合后栽种。栽种时，在备好的畦面上，按株行距20cm×25cm开穴，穴内放腐殖土或土杂肥，与穴土拌匀，每穴栽入1~2段，芽眼朝上，覆土压实，浇水保湿。

3. 扦插繁殖

剪取花后的地上部分，剪去叶片，切成小段，每段须有2个茎节，待两端切口稍干后，插于穴内，穴距与分株繁殖相同，覆土后浇水，并须稍加荫蔽，成活后，追1次稀肥，扦插成活的植株，当年生长缓慢，第二年即可正常生长，扦插也可在苗床进行，成活后再移栽大田。

（三）杂草防除

射干种子育苗一般分春秋2季。种子育苗是射干繁殖的主要方式，但由于射干种子出苗时间长，田间杂草防除就成为关键措施。

1. 春季育苗

一般要求有一定的水浇条件，在清明前后进行。育苗时，应先浇地造墒，然后按行距10～15cm，深3cm，宽8cm，开沟播种。播后20～25天，种子已开始发芽，但尚未出苗前，每亩用12%草甘膦水剂250～300mL对水50kg，地面喷雾进行封地灭草；出苗后当射干苗已达到5～7片叶时，如田间杂草较多，亩用40%使可闲（含16%乙丙草胺、24%莠去津）水剂250g，对水30kg喷雾，或亩用24%烟硝莠去津180g，对水50kg喷雾。

2. 秋季育苗

一般在秋作物田间进行，育苗时应先进行田间人工中耕除草，如采用化学除草，时间间隔最少需1个月。育苗一般在7月上中旬进行，育苗时，在秋作物行间按行距10～15cm，深3cm，宽8cm，开沟播种。出苗后及时进行人工除草，秋作物收获后，视田间杂草密度和种类，每亩用10%苯磺隆30g，对水30kg进行射干育苗田杂草的春草秋治。

三、田间管理

（一）间苗、定苗、补苗

间苗时除去过密瘦弱和有病虫的幼苗，选留生长健壮的植株。间苗宜早不宜迟，一般间苗2次，最后在苗高10cm时进行定苗，每穴留苗1~2株。对缺苗处进行补苗，大田补苗和间苗同时进行，选阴天或晴天傍晚进行，带土补栽，浇足定根水。每亩定植1.2万~1.5万株。

（二）中耕除草

春季勤除草和松土，6月封垄后不再除草松土，在根际培土防止倒伏。

（三）浇水、排水

幼苗期保持土壤湿润，除苗期、定植期外，不浇或少浇水。对于低洼容易积水地块，应注意排水。

（四）追肥

栽植第二年，于早春在行间开沟，亩施腐熟农家肥2 000kg，或饼肥50kg，或过磷酸钙25kg。

（五）摘薹打顶

除留种田外，于每年7月上旬及时摘薹。

（六）病虫害防治

1. 病害

（1）锈病。幼苗和成株均有发生，为害叶片，发病后呈褐色隆起的锈斑。防治方法如下。

①农业防治：秋后清理田园，除尽带病的枯枝落叶，消灭越冬菌源。增施磷钾肥。促使植株生长健壮，提高抗病力。

②生物防治：预计临发病前用2%农抗120水剂或1%武夷霉素水剂150倍液喷雾，7~10天喷1次，视病情掌握喷药次数。

③药剂防治：临发病之前成发病初期用50%多菌灵可湿性粉

剂500～800倍液，或70%甲基托布津可湿性粉剂1 000倍液喷雾保护性防治。发病后用戊唑醇（25%金海可湿性粉剂）或15%三唑酮可湿性粉剂1 000倍液喷雾。一般7～10天喷1次，视病情掌握喷药次数。

（2）叶枯病。初期病斑发生在叶尖缘部，形成褪绿色黄色斑，呈扇面状扩展，扩展病斑黄褐色；后期病斑干枯，在潮湿条件下出现灰褐色霉斑。防治方法如下。

①农业防治：秋后清理田园，除尽带病的枯枝落叶，消灭越冬菌源。

②药剂防治：在发病初期用50%多菌灵可湿性粉剂600倍液，或70%甲基托布津湿性粉剂1 000倍液、75%代森锰锌络合物800倍液、异菌脲（50%朴海因）可湿性粉剂800倍液等喷雾防治。每隔7～10天喷1次，一般连喷2～3次。

（3）花叶病。主要表现在叶片上，产生褪绿条纹花叶、斑驳及皱缩。有时芽鞘地下白色部分也有浅蓝色或淡黄色条纹出现。防治方法如下。

①农业防治：种子处理，播种前用10%磷酸钠水溶液浸种20～30分钟；消灭毒源，田间及早灭蚜，发现病株及时拔除并销毁。

②药剂防治：在用吡虫啉、啶虫脒等化学药剂或苦参碱、除虫菊素等植物源药剂控制蚜虫为害不能传毒的基础上，预计临发病之前喷施混合脂肪酸（NS83增抗剂）100倍液，或盐酸吗啉胍+乙酮（2.5%病毒A）水剂400倍液、三十烷醇+硫酸铜+十二基硫酸钠（1.5%植病灵）400倍液喷雾或灌根，预防性控制病毒病发生，可缓解症状和控制蔓延。

2. 虫害

（1）射干钻心虫。射干钻心虫又名环斑蚀夜蛾，以幼虫为害叶鞘、嫩心叶和茎基部，造成射干叶片枯黄，有的从植株茎基部被咬断，地下根状茎被害后引起腐烂，最后只剩空壳。防治方法如下。

①农业防治：收刨时，正是第四代钻心虫化蛹阶段和老熟幼虫阶段，把铲下的秧集中销毁，致使翌年成虫不能出土羽化，有效压越冬基数；及时人工摘除1年生蕾及花，消灭大量幼虫。

②物理防治：成虫期进行灯光诱杀。

③药剂防治：移栽时用2%甲氨基阿维谢索苯甲酸盐1 000倍液或25%噻虫嗪1 000倍液浸根20~30分钟，晾干后栽种。钻心虫发生期，用1.8%阿维菌素乳油1 000倍液或4.5%高效氯氰菊酯1 000倍液喷洒在射干秧苗的心叶处，7天喷1次，防治2~3次。

（2）地老虎。地老虎又称截虫、地蚕。防治方法如下。

①物理防治：利用黑光灯诱杀成虫。

②药剂防治：每亩用50%辛硫磷乳油0.5kg，加水8~10kg喷到炒过的40kg棉仁饼或麦麸上制成毒饵，于傍晚撒在秧苗周围和害虫活动场所进行毒饵诱杀；每亩用50%辛硫磷乳油0.5kg加适量水喷拌细土50kg，在翻耕地时撒施毒杀地老虎幼虫；50%辛硫磷乳油1 000倍液，将喷雾器喷头去掉，喷杆直接对根部喷灌防治。

（3）蛴螬（金龟子）。防治方法如下。

①农业防治：冬前将栽种地块深耕多耙，杀伤虫源、减少幼虫的越冬基数。

②物理防治：用黑光灯诱杀成虫（金龟子），一般每50亩地安装1台灯。

③生物防治：防治幼虫施用乳状菌和卵孢白僵菌等生物制剂，乳状菌每亩用1.5kg菌粉，卵孢白僵菌每平方米用2.0×10^9孢子。

④药剂防治：用50%辛硫磷乳油0.25kg与80%敌敌畏乳油0.25kg混合后，对水2kg，喷拌细土30kg，或用5%毒死蜱颗粒剂，亩用0.6~0.9%kg，对细土25~30kg，或用3%辛硫磷颗粒剂3~4kg，混细沙土10kg制成药土，在播种或栽植时撒施，均匀撒施田间后浇水；或用50%辛硫磷乳油800倍液，将喷雾器喷头去掉，喷杆直接对根部，灌根防治幼虫。

四、采收加工

（一）采收

射干以种子繁殖栽培的需3~4年才可采收，根茎繁殖的需2~3年收获。一般在春秋采收，春季在地上部分未出土前，秋季在地上部分枯萎后，选择晴天挖取地下根茎，除去须根及茎叶，抖去泥土，运回加工。

（二）加工

将除去茎叶、须根和泥土的新鲜根茎晒干或晒至半干时，放入铁丝筛中，用微火烤，边烤边翻，直至毛须烧净为止，再晒干即可。晒干或晒至半干时，也可直接用火燎去毛须，然后再晒，但火燎时速度要快，防止根茎被烧焦。

第十二节　丹　参

一、概述

丹参为唇形科鼠尾草属多年生草本植物，株高30~80cm。根细长，圆柱形，外皮朱红色。茎四棱形，上部分枝。叶对生；

单数羽状复叶，小叶3~5片。顶端小叶片较侧生叶片大，小叶片卵圆形。轮伞花序项生兼腋生，花唇形，蓝紫色，上唇直立，下唇较上唇短。小坚果长圆形，熟时暗棕色或黑色。花期5—10月，果期5—11月。以根入药，是主治心血管系统疾病的大宗药材，具活血祛瘀、消肿止痛、养血安神的功能。用于胸痹心痛，脘腹胁痛，热痹疼痛，心烦不眠，月经不调，痛经经闭，疮疡肿病。以丹参为原料生产的丹参片、复方丹参酊、冠心片、丹参丸、丹参注射液等中成药近百种，生产的药剂有蜜丸、水丸、片剂、酒剂、冲剂、糖浆剂、注射剂等10多种，一系列对重大疾病有疗效的丹参新药的研制开发，使丹参用量不断增加，种植面积不断增大，已成为国内外市场上重要的药材之一。丹参在市场非常畅销，价格也比较稳定。

二、栽培技术

（一）选地整地

丹参喜欢温暖湿润环境，应选择光照充足、排水良好、土层深厚、质地疏松的沙质壤土。以黄壤土种植的丹参品质最好。土质黏重、低洼积水、有物遮光的地块不宜种植。每亩施入充分腐熟的有机肥2 000~3 000kg做基肥，深翻30~40cm，耙细整平，做畦，地块周围挖排水沟，使其旱能浇，涝能排。

（二）繁殖方式

丹参有4种繁殖方法，包括种子繁殖、分根繁殖、芦头繁殖和扦插繁殖。生产上多采用种子繁殖和分根繁殖。

1. 种子繁殖

丹参种子发芽率为30%~65%。幼苗期间只生基生叶，2龄苗才会进入开花结实阶段，种子千粒重为1.4～1.7g。

（1）春播。于3月下旬在畦上开沟播种，播后浇水，畦面上加盖塑料地膜，保持土温18～22℃和一定湿度，播后半月左右可出苗。出苗后在地膜上打孔放苗，苗高6～10cm时间苗，5—6月可定植于大田。

（2）秋播。6—9月种子成熟后，分批采下种子，在畦上按行距25～30cm，开1～2cm深的浅沟，将种子均匀地播入沟内，覆土荡平，以盖住种子为宜，浇水。约半月后便可出苗。

2. 分根繁殖

开5～7cm沟，按株距20～25cm，行距25～30cm将种根撒于沟内，覆土2～3cm，覆土不宜过厚或过薄，否则，难以出苗。栽后用地膜覆盖，利于保墒保温，促使早出苗、早生根。每亩用丹参种根60～75kg。

3. 芦头繁殖

按行株距25cm挖窝或开沟，沟深以细根能自然伸直为宜，将芦头栽入窝或沟内后覆土。

4. 扦插繁殖

于7—8月剪取生长健壮的茎枝，截成12～15cm长的插穗，剪除下部叶片，上部保留2～3片叶。在备好的畦上，按行距20cm开斜沟，将插穗按株距10cm，插入土2～3cm，顺沟培土压实，浇水遮阴，保持土壤湿润。一般20天左右便可生根，成苗率90%以上。待根长3cm时，便可定植于大田。

（三）栽种时间

丹参种植一般分春季、夏季和秋季。春季栽种在3月下旬至4月上旬；秋季栽种在10月下旬至11月上旬；秋季丹参种子成熟后即可播种，内蒙古地区秋季播种的丹参，冬季地面须加覆盖物方可越冬；低山丘陵区采用仿野生栽培丹参时，可在7—8月雨季播种。奈曼地区春播宜在4月中下旬采用地膜栽培，可提早出苗。

三、田间管理

（一）除草、排灌

丹参田间管理主要包括中耕除草、追肥、排灌水和摘花等。一般中耕除草3次，第一次在返青或苗高约6cm时进行；第二次在6月，第三次在7—8月。封垄后不再进行中耕除草。丹参以施基肥为主，生长期可结合中耕除草追肥。

（二）排灌

雨季注意排水防涝，积水影响丹参根的生长，降低产量、品质，甚至烂根死苗。丹参开花期除准备收获种子植株外，必须分次将花序摘除，以利根部生长，提高产量。

（三）脱毒丹参在生产上应用前景

丹参是大宗药材品种，病毒感染已成为丹参药材产量低、质量差的重要原因之一。河北省农林科学院药用植物研究中心经过多年研究，明确了侵染丹参的病毒病原种类，建立了"微细胞团块再生法脱除丹参病毒新技术"，获得了丹参脱病毒植株。脱毒丹参产量比对照提高20%以上。脱毒丹参的推广应用，将对提高丹参产量和质量起到重要作用。

（四）施肥

一般每亩施腐熟的有机肥2 000 ~ 3 000kg，整个生育期施尿素25~35kg/亩、过磷酸钙35~50kg/亩，硫酸钾20~30kg/亩。其中，40%的氮肥、全部的磷肥、70%的钾肥在丹参种植时底施。其余分2次追施，第一次追肥是在花期，60%的氮肥，10%的钾肥，以利于丹参的生殖生长；第二次追肥是在丹参生长的中后期（8月中旬至9月上旬）追施余下的钾肥，以促进根的生长发育。为了满足丹参整个生长期对微量元素需求，还可底施一定量的微肥，硫酸锌3.0kg/亩、硫酸亚铁15.0kg/亩、硫酸锰4.0kg/亩、硼酸1.0g/亩、硫酸铜2.0kg/亩。

（五）病虫害防治

1. 病害

（1）根腐病。根腐病为害植株根部。发病初期须根、支根变褐腐烂，逐渐向主根蔓延，最后导致全根腐烂，外皮变为黑色，随着要部腐烂程度的加剧，地上茎叶自下而上枯萎，最终全株枯死。防治方法如下。

①农业防治：合理轮作；选择地势高燥、排水良好的地块种植，雨季注意排水；选择健壮无病的种苗。

②药剂防治：发病初期用50%多菌灵或甲基硫菌灵（70%甲基托布津可湿性粉剂）500~800倍液，或75%代森锰锌络合物800倍液，或30%恶霉灵+25%咪鲜胺按1∶1复配1000倍液或用10亿活芽孢/g枯草芽孢杆菌500倍液灌根，7天喷灌1次，喷灌3次以上。

（2）根结线虫病。在须根上形成许多瘤状结节，植株地上部矮小萎黄。防治方法：建立无病留种田，并实施检疫，防止带病繁殖材料进入无病区。与禾本科作物轮作，不重茬。

（3）叶斑病。该病7—8月发生。为害叶片，病斑黄色或黄褐色，严重时整个叶片变成灰褐色枯萎死亡。防治方法：发病初期用50%多菌灵可湿性粉剂600倍液，或3%广枯灵（恶霉灵+甲霜灵）600～800倍液，或75%代森锰锌络合物800倍液，或25%咪鲜胺可湿性粉剂1 000倍液等喷雾防治。

2. 虫害

丹参虫害主要是地下害虫。防治方法：栽种丹参时在垄内撒施辛硫磷颗粒剂可有效防治地下害虫。

四、采收加工

分根繁殖的丹参，种植当年秋季或第二年春天萌芽前采收，内蒙古自治区的奈曼地区在10月上中旬采收。种子繁殖的丹参1年半采收。采收时从垄的一端顺垄采挖；也可采用深耕犁机械采挖，注意尽量保留须根，采挖后晒干或烘干即可，忌用水洗。

第十三节　地　黄

一、概述

地黄是玄参科地黄属多年生草本植物，野生于海拔50～1 100m的山坡及路旁荒地等处。因其地下块根为黄白色而得名地黄，其根部为传统中药之一，最早出典于《神农本草经》。依照炮制方法在药材上分为：鲜地黄、干地黄和熟地黄。因炮制方法的不同，其药性和功效也有较大的差异，按照《中华本草》功效分类：鲜地黄为清热凉血药；熟地黄则为补益药。此外，地黄初夏开花，花大数朵，淡红紫色，具有较好的观赏性。鲜地黄有清热生津，凉血、止血的功效，用于治疗热风伤阴，舌绛烦渴，发斑发疹，吐血、衄血，咽喉肿痛等症；生地黄有清热凉血，养阴生津的功效。用于热血舌绛，烦渴，发斑发疹；熟地黄具有滋阴补血，益肾填髓的功效。用于肝肾阴虚，腰膝酸软，骨蒸潮热，盗汗遗精，内热消渴，闭经，崩漏，耳鸣目昏，消渴等症。

（一）品种类型

地黄为玄参科植物地黄的新鲜或干燥根茎。因加工方法不同又可分为鲜地黄、生地黄和熟地黄。为常用中药，是四大怀药之一；目前生产中栽培的地黄品种有金状元、85-5、北京1号、北京2号、小黑英等品种；各品种类型的植物学特征、生物学特性、产量潜力和活性成分含量各有不同，可因地制宜的选用。

1. 金状元

金状元株型大，半直立，叶长椭圆形。生育期长，块根形成较晚，块根细长，皮细，色黄，多呈不规则纺锤形，髓部极不规则。在肥力不足的瘠薄地种植块根的产量和质量都很低。喜肥，选择土质肥沃的土壤种植，其块根肥大，产量高，质量好，等级高。缺点为抗病性较差，折干率低，目前该品种退化严重，栽培面积较小。一般亩产干品450kg左右，鲜干比为4：1~5：1。

2. 北京1号

由新状元与小黑英杂交育成。本品种株型较小，整齐；叶柄较长，叶色深绿，叶面皱褶较少；较抗病，春栽开花较少；块根膨大较早，块根呈纺锤形，芦头短，块根生长集中，便于刨挖，皮色较浅，产量高；含水量及加工等级中等（一般三级、四级货较多）；抗瘠薄，适应性广，在一般土壤都能获得较高产量；栽子越冬情况良好，抗斑枯病较差，对土壤肥力要求不高，适应性广，繁殖系数大，倒栽产量较高，一般亩产干品500~800kg。鲜干比为4∶1~4.7∶1。

3. 北京2号

由小黑英和大青英杂交而成。株型小，半直立，抗病，生长比较整齐，春栽开花较多。块根膨大早，生长集中，纺锤状。适应性广，对土壤要求不严，耐瘠薄，耐寒，耐贮藏。一般亩产干品550~600kg。折干率为4.1∶1~4.7∶1。

4. 85-5

本品为金状元与山东单县151杂交育成的新品种。株形中等，叶片较大，呈半直立生长，叶面皱褶较少，心部叶片边缘紫红色。块根呈块状或纺锤形，块根断面髓部极不规则，周边呈白色。产量较高，加工成货等级高，一等、二等货占50%左右。抗叶斑病一般。喜肥、喜光，耐干旱。该品种目前在产区的种植面积较大。

5. 小黑英

株形矮小，叶片小，色深，皱褶多，块根常呈拳块状，生育期短，地下块根与叶片同时生长，产量低。其特点是在较贫瘠薄地和肥料少的情况下均能正常生长，抗逆性强，产值稳定，适于密植，由于产量低，加工品等级低，种植面积逐渐缩小。

（二）地黄种栽

作繁殖材料用的根茎，生产上俗称"种栽"，种栽的培育方法有以下3种。

1. 倒栽

种秧田选择地势高燥，排水良好，土壤肥沃的沙质壤土，10年内未种过地黄的地块，前茬作物以小麦、玉米等禾本科作物为宜；种栽田不宜与高粱、玉米、瓜类田相邻。每亩施农家肥5 000kg，尿素50kg、成酸钾肥40kg、过磷酸钙100kg。翻耕、耙细整平，按宽35cm，高15cm起垄。于7月中下旬，在当年春种的地黄中，选择生长健壮，无病虫害的优良植株，将根茎刨出来截成3～5cm长的小段，并保证每段具有2～3个芽眼。按行距20cm，株距10～12cm栽种，开5cm深的穴，将准备好的母种植入穴内，覆土镇压后耧平即可。

田间管理主要是浇水和施肥，封垄前亩追施尿素15kg，可结合浇水施入，也可根部挖坑追施。浇水、排水应以降水及土壤含水量情况而定，土壤含水量低于20%的情况下浇水。采用小水漫灌的方式。阴雨天及时排除田间积水。培育至翌年春天挖出分栽，随挖随栽。这样的种栽出苗整齐，产量高，质量好，是产区广泛采用的留种方法。

2. 窖贮

秋天收获时，选无病无伤，产量高。抗病强的中等大小的地黄，随挑随入窖。窖挖在背阴处，深宽各100cm，铺放根茎15cm厚，盖上细土，以不露地黄为度。随着气温下降，逐渐加盖覆土，覆土深度以地黄根茎不受冻为原则。

3. 原地留种

春天栽培较晚或生长较差的地黄，根茎较小，秋天不刨，留在地里越冬。待第二年春天种地黄前刨起，挑块形好，无病虫害的根茎做"栽子"。大根茎含水虽较高，越冬后易腐烂，故根茎过大的不用此法留种。

（三）地黄种栽分级

地黄种栽按其粗细等性状，可分为如下三级。

1.一级种栽

品种优良，直径1～2cm，粗细均匀，芽眼致密，外皮完整。无破损，无病斑、黑头。

2.二级种栽

品种优良，直径0.5～1cm，粗细均匀，芽眼致密，外皮完整，无破损，无病斑、黑头。

3.三级种栽

品种优良，粗细不均匀，芽眼较稀疏，外皮完整，无破损，无病斑、黑头。

二、栽培技术

（一）选地整地

地黄适应性强，对土壤要求不严，但以有排灌条件、土层深厚、肥沃疏松的沙壤土和壤土生长较好；黏土和盐碱地生长差。地黄喜光怕积水，前茬以禾本科茬口较好，避开芝麻、棉花、瓜类、薯类茬口。种植地黄的地块不宜与高秆作物或瓜豆为邻，否则，易发生红蜘蛛；忌重茬；地黄种植间隔年限不能少于8年。以秋季整地为好，每亩施入经过无害化处理的农家肥4 000kg，三元素复合肥（N、P、K分别为17∶17∶17）75kg做基肥，深翻20～30cm，整平耙细做畦，第二年春季浇足底墒水后待播。

（二）繁殖方式

地黄有种子繁殖和块根繁殖2种方式。大田生产地黄主要以块根繁殖。

1. 栽种时间

当5cm地温稳定在10℃以上时即可种植地黄，适宜种植时间一般在4月中、下旬。栽种前2～3天，先选种栽，要选健壮、皮色好、无病斑虫眼的种栽。

2. 块根处理

（1）将选好后的块茎掰成3～4cm的小段，每段要有2～3个芽眼；用70%甲基硫菌灵或50%多菌灵可湿性粉剂800倍液浸种秧15～20分钟。捞出晾干表面水分后即可栽种，忌曝晒。在打好垄的地内，每垄栽2行；在上面按行距20cm开深3～5cm沟（或挖穴），将处理过的块茎按株距4cm栽种，种栽后覆土，稍加镇压即可，栽后盖地膜提温保墒。

（2）对远距离运输来的块根，卸车后一定要把块根从种袋内倒出，摊开晾一晾。然后再将种栽掰成3～4段，每段要有2～3个芽眼。将掰好的种栽放在生石灰内滚上生石灰后栽种。

三、田间管理

地黄田间管理主要包括中耕除草、浇水排水、追肥、摘蕾等技术措施。

（一）中耕除草与定苗

地黄播种后20～30天即可出苗，出苗后田间若有杂草可进行浅锄，当齐苗后进行1次中耕松土除草，因地黄根茎多分布在土表20～30cm的土层里，中耕宜浅，避免伤根，保持田间无杂草即可。植株将封行时，停止中耕。注意勿损伤种栽。出苗1个月后定苗，每穴留1壮苗。中后期为避免伤根可人工拔除杂草。

（二）浇水、排水

地黄生长前期，根据墒情适当浇水，生长中后期若遇雨季及时排水。药农有"三浇三不浇"的说法。"三浇"：施肥后及时浇水，以防烧苗和便于植物吸收肥料中的养分；夏季暴雨后浇小水，以利降低地温，防止腐烂；久旱不雨时浇水，以满足植株对水分的要求。"三不浇"：天不旱不浇；正中午不浇；将要下雨时不浇，高温多雨季节，注意排水防涝。

（三）追肥

于7—8月追肥1次，每亩追施氮、磷、钾复合肥50kg，封垄后用1.5%尿素加0.2%磷酸二氢钾进行叶面施肥喷施2～3次，叶面喷肥亩用水量不低于45kg方能喷得均匀，效果好。

（四）摘蕾

发现有现蕾的植株应及时摘蕾，以集中养分供地下块根生长，促进根茎膨大。

（五）病虫害的综合防治

地黄常见的病害主要有斑枯病、轮纹病、枯萎病等，虫害主要有红蜘蛛和地下害虫。

1.病害

（1）斑枯病。斑枯病为害叶片，病斑呈圆形或椭圆形，直径2～12mm，褐色，中央色稍淡，边缘呈淡绿色；后期病斑上散生小黑点，多排列成轮纹状，病斑不断扩大。发生严重时病斑相互汇合成片，引起植株叶片干枯。防治方法如下。

①农业防治：与禾本科作物实行2年以上的轮作；收获后清除病残组织，并将其集中烧毁。合理密梢，保持植株间通风透

光。选择抗病品种如北京2号、金状元等。

②化学防治：选用50%多菌灵可湿性粉剂600倍液，或甲基硫菌灵（70%甲基托布津可湿性粉剂）800倍液，或50%苯菌灵1 000～1 500倍液，或80%代森锰锌络合物800倍液，或25%醚菌酯1 500倍液等喷雾，药剂应轮换使用，每10天喷1次，连续喷施2～3次。

（2）轮纹病。主要为害叶片，病斑较大，圆形，或受叶脉所限呈半圆形，直径2～12mm，淡褐色，具明显同心轮纹，边缘色深；后期病斑易破裂，其上散生暗褐色小点。防治方法如下。

①选用抗病品种：如北京2号等抗病品种，减轻病害发生。

②农业防治：秋后清除田间病株残叶并带出田外烧掉；合理密植，保持田间通风透光良好。

③化学防治：发病初期摘除病叶，并喷洒1∶1∶150波尔多液保护；发病盛期喷洒80%络合态代森锰锌800倍液或50%多菌灵可湿性粉剂600倍液，或25%醚菌酯1 500倍液，或70%二氰蒽醌水分散粒剂1 000倍液喷雾，7～10天喷1次，连续喷2～3次。

（3）根腐病。主要为密根及根茎部。初期在近地面根茎和叶柄处呈水渍状腐烂斑，黄褐色，逐渐向上、向内扩展，叶片萎蔫。病害发生一般较粗的根茎表现为干腐，严重时仅残存褐色表皮和木质部，细根也腐烂脱落。土壤湿度大时病部可见棉絮状菌丝体。防治方法如下。

①农业防治：与禾本科作物实行3～5年轮作，苗期加强中耕，合理追肥、浇水，雨后及时排水；发现病株及时剔除，并携出田外处理。

②化学防治：种植前用50%多菌灵可湿性粉剂500倍液，或30%恶霉灵水剂1 000倍液，或25%咪鲜胺可湿性粉剂1 000倍液灌浇栽植沟，或发病初期用50%多菌灵可湿性粉剂600倍液，或

70%甲基硫菌灵1 000倍液，3%广枯灵（恶霉灵+甲霜灵）600倍液，或25%咪鲜胺可湿性粉剂1 000倍液喷淋，7～10天喷1次，喷灌3次以上。拔除病株后用以上药剂淋灌病穴，控制病害传播。

2.虫害

（1）红蜘蛛。发生初期用1.8%阿维菌素乳油2 000倍液，或0.36%苦参碱水剂800倍液，或20%哒螨灵可湿性粉剂2 000倍液，或57%炔螨酯乳油2 500倍液，或73%克螨特乳油1 000倍液喷雾防治。

（2）地老虎。成虫产卵前利用黑光灯诱杀。鲜蔬菜或青草∶熟玉米面∶糖∶酒∶敌百虫，按10∶1∶0.5∶0.3∶0.3的比例混拌均匀，晴天傍晚撒于田间即可。幼虫期用50%辛硫磷乳油0.25kg与80%敌敌畏乳油0.25kg混合，拌细土30kg，或用3%辛硫磷颗粒剂3～4kg，混细沙土10kg制成药土，在播种或栽植时撒施，均匀撒施田间后浇水，也可用90%敌百虫晶体、50%辛硫磷乳油800倍液等灌根防治幼虫。

四、采收加工

地黄于栽种当年10月中下旬至11月上旬叶片枯黄，地上部停止生长，即可收获。深挖防止伤根，洗净泥土即为鲜地黄。将地黄用文火慢慢烘焙至内部逐渐干燥而颜色变黑，全身柔软，外皮变硬，取出即为生地黄。生地黄加黄酒∶黄酒要没过地黄，炖至酒被地黄吸收，晒干即为熟地黄。生产出来的产品要按照大小分级归类，忌堆放。一般亩产干品500～600kg。

第十四节 黄 芩

一、概述

黄芩是唇形科黄芩属多年生草本植物，别名：山茶根、土金茶根，肉质根茎肥厚，叶坚纸质，披针形至线状披针形，总状花序在茎及枝上顶生，花冠紫、紫红至蓝色，花丝扁平，花柱细长，花盘环状，子房褐色，小坚果卵球形，花果期7—9月。黄芩以根入药，味苦、性寒，有清热燥湿、泻火解毒、止血、安胎等功效。主治温热病、上呼吸道感染、肺热咳嗽、湿热黄胆、肺炎、痢疾、咳血、目赤、胎动不安、高血压、痈肿疔疮等症。黄芩的临床抗菌性比黄连好，而且不产生抗药性。李时珍在《本草纲目》中称赞黄芩"医中肯綮，如鼓应桴，医中之妙，有如此哉"。

黄芩野生于山顶、山坡、林缘、路旁等向阳较干燥的地方。喜温暖，耐严寒，成年植株地下部分在-35℃低温下仍能安全越冬，35℃高温不致枯死，但不能经受40℃以上连续高温天气。耐旱怕涝，地内积水或雨水过多，生长不良，重者烂根死亡。排水不良的土地不宜种植。土壤以壤土和沙质壤土，酸碱度以中性和微碱性为好，忌连作。产于黑龙江，辽宁，内蒙古，河北，河南，甘肃，陕西，山西，山东，四川等省地。中国北方多数省区都可种植。

二、栽培技术

（一）选地整地

黄芩适应性较强，喜温暖湿润气候，耐寒冷，怕积水，喜阳光，不择土壤，一般土地都能种植，优以排水良好的疏松肥沃土地种植较佳。大田生产要求深翻35～40cm，以秋翻为好，亩施优质农家肥2 000～3 000kg，三元复合肥40～50kg，整细耙平，浇足底墒水后待播。

（二）繁殖方式

种子繁殖和分根繁殖法2种。

1. 种子繁殖

分雨季播种和春播，雨季播种比春播出苗早，出苗齐全。雨季大田施足基肥，深耕35cm左右，整平耙细，按行距30cm条播或撒播，深度2～3cm，覆土0.3cm左右，播后镇压。亩用种1kg，保持土壤湿润湿，一般15天左右出苗。做畦育苗移栽，春育秋栽，清明前后下种，8月移栽于大田。

2. 分根繁殖

选两年生根作种，栽前截成10cm长小段，头朝上，勿倒置，按株距25～30cm穴栽大田，每穴1～2段，覆土压实，亩用种根25～35kg，20～25天可发芽出苗，苗高10cm，查苗补缺，松土除草，分期追施化肥，饼肥，旱浇涝排，根茎繁殖者，当年即可开花结籽，如不收种，要剪去花枝，以利于养分集中于根部，助其生长。

三、田间管理

（一）间苗、定苗

黄芩苗高5～7cm时进行间苗，同时按株距6～8cm交错定苗，每平方米留苗60株左右。结合间、定苗，可对缺苗部位进行移栽补苗，带土移栽，栽后浇水。

（二）除草

黄芩幼苗生长缓慢，应经常进行松土除草，直至田间封垄。第一年通常要松土除草3～4次，第二年以后，每年春季返青出苗前耧地松土，返青后视情况中耕除草1～2遍至封垄。

（三）施肥

黄芩生长期适时适量追施氮、磷、钾肥对黄芩增产有显著作用，氮、磷、钾配合施用，综合效果最好。追施化肥数量不宜过大，氮肥不宜单独过多施用，土壤水分不足时追肥应适时灌水。

（四）水分管理

黄芩在出苗前及幼苗初期应保持土壤湿润，定苗后土壤水分含量不宜过高，适当干旱有利于蹲苗和促根深扎；黄芩成株以后，遇严重干旱或追肥时土壤水分不足，应适时适量灌水。黄芩怕涝，雨季应注意及时松土和排水防涝，以减轻病害发生，避免和防止烂根死亡。

（五）花枝剪除

对于不采收种子的田块，在黄芩现蕾后开花前，选晴天上午将所有花枝剪除，剪除花枝可减少地上部养分消耗，促进养分向根部运输，提高黄芩产量。

（六）病虫害防治

1. 病害

秋水易引起黄芩根腐病，初期须根发病，不易觉察，随病情发展主根易引起根腐褐烂，病斑向根茎部扩展，导致叶片枯萎。防治根茎栽前用甲基托布津或恶霉灵浸种。发病期用多菌灵叶面喷施2～3次，或用恶霉灵灌根。

2. 虫害

虫害有蚜虫，蛴螬，金针虫，地老虎等。用敌百虫，吡虫啉，菊酯类农药等均可防治。

四、采收加工

黄芩生长2～3年后，秋末春初即可收刨，采挖时勿挖断主根，选无病虫害，直径在5cm左右，条粗细两头均匀的根条，以长20cm为宜，撞去粗皮，单晒出口，余下为枯芩，去茎叶晒至全干入药。一般亩产300kg左右。

第十五节　知　母

一、概述

知母，中药名，是百合科知母属多年生草本植物知母的干燥根状茎，别名：蒜辫子草、羊胡子根、地参。味苦，性寒；归肺、胃、肾经。功效清热泻火，滋阴润燥，止渴除烦；主治温热病，高热烦渴，咳嗽气喘，燥咳，便秘，骨蒸潮热，虚烦不眠，消渴淋浊等病症。

知母全株无毛。根状茎横生于地面，其上有许多黄褐色纤维，下生多数粗而长的须根。叶基生丛生，线形，长15～70cm，宽3～6mm，质稍硬，基部扩大成鞘状。花茎直立，高50～100cm，上生鳞片状小苞叶，穗状花序稀疏而狭长，花常2～3朵簇生，无花梗或有很短的花梗，长约3mm，花梗顶端具关节，花绿色或紫堇色。花被片6，宿存，排成2轮，长圆形，长7～8mm，有3条淡紫色纵脉；雄蕊3，比花被片为短，贴生于内轮花被片的中部，花丝很短，具丁字药；子房近圆形，3室，花柱长2mm。蒴果长卵形，长10~15mm，成熟时沿腹缝上方开裂，每室含种子1~2粒。种子三棱形，两端尖，黑色。花期5—6月。果期8—9月。

知母适应性很强，野生于向阳山坡地边。草原和杂草丛中。土壤多为黄土及腐殖质壤土。性耐寒，北方可在田间越冬，喜温暖，耐干旱，除幼苗期须适当浇水外，生长期间不宜过多浇水，特别在高温期间，如土壤水分过多，生长不良，且根状茎容易腐烂。土壤以疏松的腐殖质壤土为宜，低洼积水和过涝的土壤均不宜栽种。生于向阳干燥的丘陵地及固定的沙丘上。分布黑龙江、吉林、辽宁、内蒙古、河北、河南、山东、陕西、甘肃等省地。全国各地都有种植，主产地是河北省。

二、栽培技术

（一）选地整地

选向阳排水良好土质疏松的腐殖土或沙壤土的地块，每亩施腐熟的厩肥2 000~3 000kg，饼肥40~50kg，磷肥30kg，均匀撒入地内，深耕20cm，整平耙细后做畦，畦宽130cm。浇足底墒水后待播。

（二）繁殖方式

知母的繁殖方式主要是种子繁殖和分根繁殖。

1. 种子繁殖

知母种子于大暑前后陆续成熟。采收后脱粒去净杂质，存放于通风干燥处备用。种子繁殖可春播与秋播。春播4月，内蒙古地区以雨季播种最好，出苗快而整齐。秋播10—11月，在整好的畦内，按30~35cm行距开2cm深的沟。将种子均匀撒入沟内，覆土、搂平，稍镇压，浇水。保持地面湿润，20天左右出苗。每亩约需种子1.5~2kg。秋播发芽率高，出苗整齐。

2. 分根繁殖

春栽于解冻后、发芽前，秋栽于地上茎叶枯黄后进行。在整好的畦内，按行距30~35cm，株距15~20cm开穴，穴深7cm。将刨出的知母地下根茎剪去残茎叶及须根，把有芽头的根茎掰成4~7cm长的小段，每穴放一段，芽头朝上。覆土、浇水。也可在栽种前灌1次大水，再整地做畦栽种，但畦面不要过湿，以防烂根。每亩需种根茎90kg。

三、田间管理

（一）间苗、定苗、除草

知母播种后，保持土壤湿润，20天左右出苗。苗高3~4cm时松土锄草，苗高7~10cm时，按15~20cm的株距定苗。雨后或浇水后及时松土除草，保持田面干净无杂草。

（二）浇水

苗期如气候干燥，应适当浇水。用根茎分株栽培的知母上年生长较慢，应浇小水。第二年生长旺盛，需适当增加浇水次数。

（三）追肥

分根栽种的当年和种子直播的第二年，在苗高15~20cm时，每亩追施过磷酸钙20kg加硫酸铵10kg。在行间开沟，施后结合松土将肥料埋入土内。如不需留种，应及时剪去花葶。高温多雨季节要注意排除积水。

（四）病虫害防治

知母的抗病害能力较强，一般不需用农药进行特殊防治。主要虫害有蛴螬，为害幼苗及根茎。用常规方法防治。

四、采收加工

种植知母和野生知母均在春秋两季采刨。春季于解冻后，发芽前，秋季于地上茎叶枯黄后至上冻前。用镐将地下根茎刨出，去掉茎叶须根及泥土即为鲜知母。春秋2季适时采刨的鲜知母折干率高，质量好。野生知母一般以秋季收获为宜。因为春季发芽前不易发现，用种子繁殖需4～5年，用根茎繁殖一般为3～4年。毛知母晾晒法。将收获的鲜知母放在阳光充足的空场或晾台上，边堆边摔打，每7天翻倒1次，如此反复多次，直至晒干即为毛知母。一般需60～70天。知母肉就是趁鲜刮净外皮晒干即为知母肉。如阳光充足，一般2～3天晒干。

第十六节 桔 梗

一、概述

桔梗是桔梗科桔梗属多年生草本植物，别名：包袱花、铃铛花、僧帽花。以根入药，是中医常用药，有止咳祛痰、宣肺、排脓的功效。在中国东北地区常被腌制为"狗宝咸菜"，在朝鲜半岛被用来制作泡菜。

桔梗喜凉爽气候，耐寒、喜阳光。宜栽培在海拔1 100m以下的丘陵地带，半阴半阳的沙质壤土中，以富含磷钾肥的中性夹沙土生长较好，种子寿命为1年，在低温下贮藏，能延长种子寿命。0~4℃干贮种子18个月，其发芽率比常温贮藏提高3.5~4倍。种子发芽率70%，在温度18~25℃，有足够温度，播种后20~30天出苗。

二、栽培技术

（一）选地整地

桔梗是根类药材，喜欢疏松肥沃的土壤，对土壤要求不严格，桔梗性喜凉爽湿润的气候环境。所以，种植桔梗的土地要求深翻35cm以上，整平耙细，浇足底墒水，亩施农家肥2 000~3 000kg，三元复合肥25~30kg，桔梗喜欢磷钾肥，要重施磷钾肥，可以提高桔梗的折干率。

（二）繁殖方式

桔梗的繁殖方式是种子繁殖和根茎繁殖。

1. 种子繁殖

播种，桔梗从春到秋都可以播种，但以春播产量高，春播指的是早播种，清明节后就播桔梗，桔梗出苗时间1个月左右，春播生长时间长，所以，产量高，桔梗早播种容易草苗一起长，易发生草荒，要高度关注杂草，看住杂草。桔梗是小粒种子，要求精细整地，播种行距20cm，要求宽播幅播种，覆土厚度0.3cm，亩播种量3kg。晚播种的桔梗，杂草相对好控制，但在桔梗出苗过程会遭遇高温干旱、暴雨打击，造成缺苗毁种的问题。所以，笔者建议早播种桔梗。

2. 根茎繁殖

将1年生或2年生的桔梗根茎于秋季或早春挖出做种苗。按行距25~30cm，株距10~15cm栽种，当年秋季或第二年秋季采挖，也可以采收种子。

三、田间管理

（一）定苗、浇水、追肥

桔梗苗高4~6cm时定苗，株距6~10cm即可。桔梗耐旱怕涝，生长期间要少浇水，不旱到一定程度不浇水（下部也开始发黄），促根系下扎。桔梗在生长旺季前可以考虑追肥，追施饼肥和氮磷钾三元复合肥，8月后追施磷钾肥促根生长。土地封冻前，浇1次防冻水。第二年早春可以在地表铺撒有机肥，若土壤干旱，施肥后透灌水。桔梗在生长季节要少浇水，浇水就浇透水，千万别浇半截水。

桔梗栽培一定要以控为主，即控上促下，注意少施氮肥，氮肥施用过多，会造成桔梗旺长而导致倒伏。

（二）病害防治

桔梗要防根腐病和白粉病，发生根腐病的原因是由于浇水过多，土壤出现腌渍使桔梗发生根腐病，防治方法：少浇水，不旱不浇水，浇透水不浇大水。有淹水的地方要及时排水，泡水后要及时喷洒恶霉灵防根腐病。

白粉病是由于低温高湿的气候环境引发。防治初发病的田块及时喷洒红糖和小苏打，即50g红糖加50g小苏打对水20kg混匀喷雾。每隔3~5天喷1次，连喷2~3次，防治效果95%以上。发病严重的用三唑酮对红糖喷雾，隔7天喷1次，连喷2~3次。

四、采收加工

桔梗种植第二年或第三年秋季10月初采挖，采挖前先去掉地上部分茎枝，用机械采挖。桔梗可以挖出就卖，也可以刮皮晾干后再销售。

第十七节 党 参

一、概述

党参是桔梗科党参属多年生草本缠绕植物，别名：防风党参、黄参、防党参、上党参、狮头参、中灵草、黄党。党参茎枝有乳汁。茎基具多数瘤状茎痕，根常肥大呈纺锤状或纺锤状圆柱形，茎缠绕，不育或先端着花，黄绿色或黄白色，叶在主茎及侧枝上的互生，叶柄有疏短刺毛，叶片卵形或狭卵形，边缘具波状钝锯齿，上面绿色，下面灰绿色，花单生于枝端，与叶柄互生或近于对生，花冠上位，阔钟状，裂片正三角形，花药长形，种子多数，卵形，7—10月开花结果。

党参是中国常用的传统补益药，古代以山西上党地区出产的党参为上品，具有补中益气，健脾益肺之功效。党参有增强免疫力、扩张血管、降压、改善微循环、增强造血功能等作用。此外对化疗放疗引起的白细胞下降有提升作用。党参喜温和凉爽气候，耐寒，根部能在土壤中露地越冬。幼苗喜潮湿、荫蔽、怕强光。播种后缺水不易出苗，出苗后缺水可大批死亡。高湿易引起烂根。大苗至成株喜阳光充足。适宜在土层深厚、排水良好、土质疏松而富含腐殖质的沙质壤土栽培。

产于中国西藏自治区东南部、四川省西部、云南省西北部、甘肃省东部、陕西省南部、宁夏回族自治区、青海省东部、河南省、山西省、河北省、内蒙古及东北等地区。朝鲜、蒙古和俄罗斯远东地区也有。野生于海拔1 500～3 100m的山地林边及灌丛中。中国各地有大量栽培。

二、栽培技术

（一）选地整地

宜选土层深厚、排水良好、富含腐殖质的沙壤土。低洼地、黏土、盐碱地不宜种植，忌连作。育苗地宜选半阴半阳，距水源较近的地方。每亩施农家肥2 000kg左右，然后耕翻，耙细整平，作成1.2m宽的平畦。定植地宜选在向阳的地方，施足基肥，每亩施农家肥3 000kg左右，并加入少许磷、钾肥，施后深耕30cm，耙细整平，作成1.2m宽的平畦。

（二）繁殖方式

用种子繁殖，常采用育苗移栽，少用直播。育苗：一般在7—8月雨季或秋冬封冻前播种，在有灌溉条件的地区也可采用春播，条播或撒播。为使种子早发芽，可用40～50℃的温水，边搅拌边放入种子，至水温与手温差不多时，再放5分钟，然后移置纱布袋内，用清水洗数次，再整袋放于温度15～20℃的室内沙堆上，每隔3～4小时用清水淋洗1次，5～6天种子裂口即可播种。撒播：将种子均匀撒于畦面，再稍盖薄土，以盖住种子为度，随后轻镇压种子与土紧密结合，以利出苗，每亩用种1kg。条播：按行距10cm开1cm浅沟，将种子均匀撒于沟内，同样盖以薄土，每亩用种0.6～0.8kg。播后畦面用玉米秆、稻草或松杉枝等覆盖保湿，以后适当浇水，经常保持土壤湿润。春播：可覆盖地膜，以利出苗。当苗高约5cm时逐渐揭去覆盖物，苗高约10cm时，按株距2～3cm间苗。见草就除，并适当控制水分，宜少量勤浇。

（三）移栽

参苗生长1年后，于秋季10月中旬至11月封冻前，或早春4月上旬化冻后，幼苗萌芽前移栽。在整好的畦上按行距20～30cm开15～20cm深的沟，山坡地应顺坡横向开沟，按株距6～10cm将参苗斜摆沟内，芽头向上，然后覆土约5cm，每亩用种参约30kg。

三、田间管理

（一）中耕除草

出苗后见草就除，松土宜浅，封垄后停止。

（二）追肥

育苗时一般不追肥。移栽后，通常在搭架前追施1次人粪尿，每亩施1 000～1 500kg，施后培土。

（三）灌排

移栽后要及时灌水，以防参苗干枯，保证出苗，成活后可不灌或少灌，以防参苗徒长。雨季注意排水，防止烂根。

（四）搭架

党参茎蔓长可达3m以上，故当苗高30cm时应搭架，以便茎蔓攀架生长，利于通风透光，增加光合作用面积，提高抗病能力。架材就地取材，如树枝、竹竿均可。

（五）病虫害防治

1.病害

（1）锈病。秋季多发，为害叶片。防治方法：清洁田园，发病初期用25%粉锈宁1 000倍液喷施。

（2）根腐病。一般在土壤过湿和高温时多发病，为害根部。防治方法：轮作；及时拔除病株并用石灰粉消毒病穴；发病期用50%甲基托布津800倍液浇灌。

2.虫害

（1）蚜虫和红蜘蛛。为害叶片和幼芽。防治方法：可用吡虫啉和阿维菌素喷雾。

（2）蛴螬、地老虎。为害根部。防治方法：播种时或移栽时将辛硫磷颗粒剂随种子或粪肥撒入垄内即可；也可用黑光灯诱杀成虫或用糖醋液诱杀地老虎幼虫。

四、采收加工

一般移栽1~2年后，于秋季地上部枯萎时收获。先将茎蔓割去，然后挖出参根，抖去泥土，按粗细大小分别晾晒至柔软状，用手顺根握搓或木板揉搓后再晒，如此反复3~4次至干。折干率约2∶1。产品以参条粗大、皮肉紧、质柔润、味甜者为佳。

第十八节 玉 竹

一、概述

玉竹是百合科黄精属多年生草本植物，别名：萎蕤、玉参、尾参、铃当菜、小笔管菜、甜草根、靠山竹。玉竹根茎横走，肉质，黄白色，密生多数须根。茎单一，高20~60cm。具7~12叶。叶互生，无柄；叶片椭圆形至卵状长圆形，长5~12cm，宽2~3cm，先端尖，基部楔形，上面绿色，下面灰色；叶脉隆起，平滑或具乳头状突起。花腋生，通常1~3朵簇生，总花梗长1~1.5cm，无苞片或有线状披针形苞片；花被筒状，黄绿至白色或，先端6裂，裂片卵圆形。浆果球形，直径7~10mm，熟时蓝黑色。花期4—6月，果期7—9月。多野生于林下及山坡阴湿处。

玉竹原产中国西南地区，但野生分布很广。耐寒也耐阴，喜潮湿环境，适宜生长在含腐殖质丰富的疏松土壤。《本草经集注》云"茎干强直，似竹箭杆，有节"。故有玉竹之名。植物的根茎可供药用，中药名也为玉竹，秋季采挖，洗净，晒至柔软后，反复揉搓，晾晒至无硬心，晒干，或蒸透后，揉至半透明，晒干，切厚片或段用。味甘，性平，归肺、胃经。功效滋阴润肺，养胃生津。主治燥咳，劳嗽，热病阴液耗伤之咽干口渴，内热消渴，阴虚外感，头昏眩晕，筋脉挛痛。玉竹提取类黄酮物质与桑叶提取物脱氧野尻霉素结合形成一种新物质——洗胰清糖素（cics），具有降血糖、降血脂、降血压等作用。

产于黑龙江、吉林、辽宁、河北、山西、内蒙古、甘肃、青海、山东、河南、湖北、湖南、安徽、江西、江苏等省（区）以及我国台湾省。

二、栽培技术

（一）选地整地

玉竹耐寒，耐阴湿，忌强光直射与多风。喜阴湿、凉爽气候，种植地宜选背风向阳、排水良好、土质肥沃疏松、土层深厚的沙质壤土。忌在土质黏重、瘠薄、地势低洼、易积水的地段栽培。忌连作，以防止病虫害发生。前茬最好是豆科植物。选地后，先施入有机肥做基肥每亩2 500~3 000kg，均匀地撒在地面上，将土深翻30cm，细耙做畦。浇足底墒水后待播。

（二）繁殖方式

玉竹用种子和根状茎繁殖，繁殖速度很快。用根状茎繁殖，因其遗传性较种子稳定，能确保丰产，且生长周期短，故目前生产上都采用此法。在收获时，从茎秆粗壮的植株中选取无虫害、无黑斑、无麻点、无损伤、颜色黄白、顶芽饱满、须根多、芽端整齐、略向内凹的肥大根状茎作种用。不宜用主茎留种的因主茎大而长，成本太高，同时，去掉主茎就会严重影响质量，不易销售。要随挖、随选、随种。遇天气变化不能及时栽种时，必须将根芽摊放在室内背风、阴凉处。一般每亩用种茎200~300kg。将选好的种茎浸入盛有50%多菌灵500倍液的桶中，药液应浸没种茎，浸泡30分钟后，捞出晾干备用。一般于7—11月进行栽种。穴栽或条栽。穴栽：畦面栽种3~4行，行距30~40cm、株距30~40cm、穴深8~10cm。每穴交叉，放种栽3~4个，芽头向四周交叉，不可同一方向。条栽：在畦面上按行距15~30cm开深6~15cm的沟。种植时，将玉竹根状茎切成长3~7cm的小段，在沟底按株距7~17cm纵向排列，芽头朝同一方向放好，覆盖猪粪或土杂肥。根状茎用量为每亩250~300kg。

三、田间管理

（一）除草

栽后当年不出苗，翌春出苗后，要及时清除田间杂草。土壤干燥时用手拔除，切勿用锄，以免碰伤根状茎，导致腐烂。下雨后或土壤过湿时不宜拔草。以后在5月和7月分别除草1次。第三年，只宜用手拔除杂草。

（二）施肥

施足基肥，结合整地每亩施入腐熟的农家肥2 000～3 000kg。复合肥30～35kg。施肥在春季萌芽前进行，以促进茎叶生长。苗高7～10cm时，亩施尿素10kg。在玉竹进入休眠时进行施肥，施用腐熟猪粪和磷肥，施后覆土厚5～7cm。

（三）培土盖草

玉竹生长2年后，根状茎分枝多，纵横交错，易裸露于地表而变绿，影响商品外观和质量，易遭受冻害，因此，要及时覆土。培土每年冬季结合施肥，在畦沟取土进行培土3.0～4.5cm，玉竹种栽要用稻草、树叶或茅草覆盖。以后每年的初冬，玉竹茎叶干枯时要盖青草，上面再盖一层泥土。

（四）及时排水

玉竹最忌积水，在多雨季节到来以前，要疏通水沟以利排水。

（五）病虫害防治

1.病害

（1）叶斑病。叶面上长出褐色圆形病斑，边缘呈紫红色，常于夏、秋两季发生。防治方法：在发病前或发病初期，喷1∶1∶120波尔多液或50%代森铵800倍液，每10天喷1次，连续喷2～3次。

（2）锈病。叶面上长有黄色圆形病斑，背面生有黄色的环状小粒。防治方法：发现病株及时拔除、烧毁，穴内撒生石灰消毒。

（3）烂根病。发病时根状茎腐烂，最终导致植株死亡。防治方法：做好排水工作，降低土壤湿度，控制病害蔓延。

2. 虫害

虫害主要是棕色金龟子、黑色金龟子、红脚绿金龟子等，主要为害根部。防治方法：施用充分腐熟的有机肥作基肥或追肥；用米或麦麸制成毒饵，于傍晚时撒在畦面上诱杀；虫害发生严重时，用90%敌百虫1 000倍液浇注根部。

四、采收加工

春季采收，以便与栽种时间衔接。地上部分枯萎后，在春季植株萌芽前，选晴天及土壤比较干燥时收获。采挖时，先割去地上茎秆，挖起根状茎，抖去泥土，防止折断。留作种的根状茎另行堆放。将挖出的根状茎，按长、短、粗、细划分等级，分别晾晒。夜晚，待玉竹凉透后加覆盖物。切勿把未凉透的玉竹装袋，以免发热变质。一般晒2~3天后，玉竹的根状茎就会很柔软而不易折断。然后除去须根和泥沙，再将根状茎放在石板或木板上搓揉。搓揉时要先慢后快，由轻到重，直到将粗皮去净，玉竹根状茎无硬心，呈金黄色半透明状，用手按有糖汁渗出时为止，再晒干即可。

第十九节　黄　精

一、概述

黄精是百合科黄精属多年生草本植物，别名：鸡头黄精、黄鸡菜、笔管菜、爪子参、老虎姜、鸡爪参。黄精根茎横走，肥大肉质，黄白色，略呈扁圆柱形。有数个茎痕，茎痕处较粗大，最粗处直径可达2.5cm，生少数须根。茎直立，圆柱形，单一，高50～80cm，光滑无毛。叶无柄；通常4～5枚轮生；叶片线状披针形至线形，长7～11cm，宽5～12mm，先端渐尖并卷曲，上面绿色，下面淡绿色。花腋生，下垂，花梗长1.5～2cm，先端2歧，着生花2朵；苞片小，远较花梗短；花被筒状，长8～13mm，白色，先端6齿裂，带绿白色；雄蕊6，着生于花被管的中部，花丝光滑；雌蕊1，与雄蕊等长，子房上位，柱头上有白色毛。浆果球形，直径7～10mm，成熟时黑色。花期5—6月。果期6—7月。黄精以根茎入药，味甘，性平。归脾、肺、肾经。功效补气养阴，健脾，润肺，益肾。用于脾胃虚弱，体倦乏力，口干食少，肺虚燥咳，精血不足，内热消渴。野生于荒山坡及山地杂木林或灌木丛的边缘。分布于黑龙江、内蒙古、吉林、辽宁、河北、山东、江苏、河南、山西、陕西等省（区）。

二、栽培技术

（一）整地选地

选择湿润和有充分荫蔽的地块，土壤以质地疏松、保水力好的壤土或沙壤土为宜。播种前先深翻1遍，结合整地每亩施农家肥2 000kg，翻入土中作基肥，然后耙细整平，做畦，畦宽1.2m。浇足底墒水后待播。

（二）繁殖方式

黄精以根状茎繁殖和种子繁殖2种方式。

1. 根茎繁殖

于晚秋或早春3月下旬或4月初选1～2年生健壮、无病虫害的植株根茎，选取先端幼嫩部分，截成数段，每段有3~4节，伤口稍加晾干，按行距22~24cm，株距15cm，深5cm栽种，覆土后稍加镇压并浇水，以后每隔3~5天浇水1次，使土壤保持湿润。秋末垄上盖一些圈肥和草以保暖。

2. 种子繁殖

8月种子成熟后选取成熟饱满的种子立即进行沙藏处理：种子1份，沙土3份混合均匀。存于背阴处30cm深的坑内，保持湿润。待第二年3月下旬筛出种子，按行距15cm均匀撒播到畦面的浅沟内，盖土约1.5cm，稍镇压后浇水，并盖一层草保湿。出苗前去掉盖草，苗高6~9cm时，过密处可适当间苗，1年后移栽。为满足黄精生长所需的荫蔽条件，可在畦埂上种植玉米。

3. 黄精与玉米或葵花间作

把土地深翻耙细整平后做顶宽60cm的床栽种，床上栽2行，行距25cm，株距10cm栽种黄精的根状茎。两床中间种植1行玉米或葵花，玉米株距15~20cm。

三、田间管理

（一）松土培土除草

生长前期要经常中耕除草，宜浅锄并适当培土；后期拔草即可。

（二）浇水追肥

若遇干旱或种在较向阳、干旱地方的需要及时浇水。每年结合中耕除草进行追肥，前3次中耕后每亩施用土杂肥1 500kg，与过磷酸钙50kg，饼肥50kg，混合拌匀后于行间开沟施入，施后覆土盖肥。黄精忌水和喜荫蔽，应注意排水和间作玉米。

（三）病虫害防治

1. 病害

（1）叶斑病。可用65%代森锌可湿性粉剂500倍液防治。

（2）黑斑病。多于春夏秋发生，为害叶片。防治方法：收获时清园，消灭病残体；前期喷施1∶1∶100波尔多液，每7天喷施1次，连续喷施3次。

2. 虫害

蛴螬：以幼虫为害，为害根部，咬断幼苗或咀食苗根，造成断苗或根部空洞，为害严重。防治方法：可用75%辛硫磷乳油按种子量0.1%拌种；或在田间发生期，用90%敌百虫1 000倍液浇灌。

四、采收加工

一般春、秋两季采收，以秋季采收质量好，栽培3～4年秋季地上部枯萎后采收，挖取根茎，除去地上部分及须根，洗去泥土，置蒸笼内蒸至呈现油润时，取出晒干或烘干，或置水中煮沸后，捞出晒干或烘干。

第二十节　白　芷

一、概述

白芷又称兴安白芷，达乌里当归、走马芹，是伞形科当归属多年生高大草本植物，中药白芷包括兴安白芷、川白芷、杭白芷或云南牛防风。可达2.5m。白芷根粗大，直生，有时有数条支根。茎粗大，近于圆柱形，基部粗5～9cm，中空，通常呈紫红色，基部光滑无毛，近花序处有短柔毛。茎下部的叶大；叶柄长，基部扩大呈鞘状，抱茎；叶为2～3回羽状分裂，最终裂片卵形至长卵形，长2～6cm，宽1～3cm，前端锐尖，边缘有尖锐的重锯齿，基部下延成小柄；茎上部的叶较小，叶柄全部扩大成卵状的叶鞘，叶片两面均无毛，仅叶脉上有短柔毛，复伞形花序顶生或腋生，总花梗长10～30cm；总苞缺如或呈1～2片膨大的鞘状苞片，小总苞14～16片，狭披针形，比花梗长或等长；花萼缺如；花瓣5瓣，白色，卵状披针形，先端渐尖，向内弯曲；雄蕊5瓣，花丝细长伸出于花瓣外；子房下位，2室，花柱2瓣，短，基部黄白色或白色。双悬果扁平椭圆形或近于圆形，分果具5果棱，侧棱成翅状。花期6—7月。果期7—9月。

白芷多生于河岸、溪边以及沿海的丛林砾岩上。分布于黑龙江、吉林、辽宁等省区。栽培于四川、河北、河南、湖北、湖南、安徽、山西、内蒙古等省（区）。

本植物野生种的根，在东北作独活用，商品称"香大活"。

二、栽培技术

（一）选地整地

白芷宜在平坦土地栽培，以土层深厚，疏松肥沃的沙质壤土为佳。前茬一般多为水稻、玉米、高粱、棉花等。前茬作物收获后，每亩施腐熟堆肥，或厩肥3 000～5 000kg，饼肥100kg，磷肥50kg做基肥。再进行翻耕25～30cm，整平耙细，做高畦。浇足底墒水后待播。

（二）繁殖方式

白芷主要以种子繁殖。

1. 培育种子

白芷用种子繁殖。可单株选苗移栽留种和就地留种。生产上多采用前一种方法，一般在收挖白芷时进行。选主根不分支，健壮无病的紫茎白芷做种。移栽前剪去叶子，按行株距50～70cm栽种。冬季及翌春进行除草施肥。6—7月种子陆续成熟，于果皮变黄绿色时，连同果序一起采下，可分批采收，然后摊放通风干燥处，晾干脱粒，去净杂质备用。

2. 播种

播期分秋播、春播两种，条播、穴播均可。行距30cm，开沟1～1.5cm，每亩用种1～1.5kg。播后搂平畦面，浇水，保持土壤湿润。15～20天即可出苗。

三、田间管理

（一）间苗

出苗后株高4～7cm时间苗，可进行1～2次。穴播留苗5～8株，条播的每隔7～10cm留苗1株。按株距10～12cm定苗。间苗时，留叶柄青紫色或植株基部扁形的壮苗，留成三角形或梅花形，以利通风透光。

（二）松土除草

结合间苗进行除草。苗期除草要用手薅或浅锄，以后可进行中耕除草，使田间土壤疏松无杂草，以利生长。

（三）施肥

一般追肥3～4次。第一、第二次均在间苗、中耕后进行。每次每亩施有机肥水1 500～2 000kg。第三次在定苗后进行，每亩施人畜粪水2 000～3 000kg，加入3kg尿素。清明节前后进行第四次追肥，每亩施有机肥2 000～3 000kg，撒施草木灰150kg，施后培土。施肥应注意当年宜少施，以防徒长，提前抽薹开花。第二年宜多，辅以磷钾肥，促使根部粗壮。

（四）浇水

白芷播种后土壤干旱，应及时灌溉，保持土壤湿润，以利出苗。生长期，如遇天气干旱，应及时浇水，保证植株生长需要，雨水过多或田间积水时，应及时排水，以防病害或烂根。

（五）病虫害防治

1. 病害

（1）斑枯病。斑枯病又名白斑病、叶斑病，一般5月发病，直至收获。氮肥过多，植株过密，也易发病。防治方法：选择健壮、无病植株留种，白芷收获后，清除病残植株和残留土中的病根，集中烧毁。发病初期，摘除病叶，并喷1∶1∶100的波尔多液1～2次。

（2）紫纹羽病。该病是真菌中的一种病菌。在主根上常见有紫红色菌丝束缠浇，引起根表皮腐烂。在排水不良或潮湿低洼地，发病严重。防治方法：用70%五氯硝基苯粉剂，每亩2kg加草木灰20kg拌匀撒施土中，并进行多次整地。

（3）立枯病。该病多发生于早春阴雨，土壤黏重，透气性较差的情况下。防治方法：选沙质壤土种植，及时排除积水。发病初期用5%石灰水灌注，每7天1次，连续3～4次，或用1∶25的五氯硝基苯细土，撒于病株周围。

（4）黑斑病。秋天叶上出现黑色病斑。防治方法：摘除病叶或喷1∶1∶120的波尔多液1～2次。

2. 虫害

（1）黄翅茴香螟、黄凤蝶、蚜虫、红蜘蛛。为害叶片。防治方法：用90%晶体敌百虫1 000倍液或用高效氯氰菊酯喷杀。

（2）地下害虫。为害根部。防治方法：用25%亚胺硫磷乳油1 000倍液，浇灌植株根部周围土壤。

（3）食心虫。咬食种子，常使种子颗粒无收。防治方法：用90%晶体敌百虫1 000倍液喷杀。

（4）地老虎。为害植株幼茎。防治方法：用人工捕杀或毒饵诱杀。

四、采收加工

采挖时间以栽后第二年大暑后5～7天为宜。在晴天，先用镰刀把距地面6～10cm的枯萎根叶割掉，然后深挖，翻出白芷，抖去泥土，去掉茎叶根须，摊开暴晒。晒时切忌沾水，沾雨和堆积会黑心变质。必须连续晒干，不能间歇，如遇雨天可用木炭火烘干。

第二十一节　川　芎

一、概述

川芎是伞形科藁本属多年生草本植物，高30～60cm，根状茎呈不规则的结节状拳形，结节顶端有茎基团块，外皮黄褐色，有香气。茎常数个丛生，直立，上部分枝，节间中空，下部节明显膨大成根状，易生根。叶互生，2～3回羽状复叶。复伞形花序顶生，双悬果卵圆形，5棱，有窄翅，背棱中有油管1个，侧棱中有2个，结合面有4个。花期7—8月，幼果期9—10月。川芎以根入药，味辛，性温。归肝、胆、心包经。功效活血祛瘀，行气开郁，祛风止痛。主治月经不调，经闭痛经，产后瘀滞腥痛，症瘕肿块，胸胁疼痛，头痛眩晕，风寒湿痹，跌打损伤，痈疽疮疡。

川芎喜温暖气候、雨量充沛、日照充足的环境，稍能耐旱，怕荫蔽和水涝。适宜在土层深厚、疏松肥沃、排水良好、中性或微酸性的沙质壤土上栽培，不宜在过沙的冷砂土或过于黏重的黄泥，白鳝泥、下湿田等处种植，忌连作。主产四川省（彭县，今彭州市，现道地产区有所转移），在云南、贵州、广西、湖北、江西、浙江、江苏、陕西、甘肃、内蒙古、河北等省（区）均有栽培。

二、栽培技术

（一）选地整地

选择土层深厚、疏松肥沃、排水良好、富含有机质的沙壤土，中性或微酸性为好。土质黏重，排水不良及低洼地不宜种植。深翻25cm，整细耙平，浇足底墒水后待播。

（二）繁殖方式

川芎在生产上采用无性繁殖，繁殖材料用地上茎的茎节，习称"苓子"。主产地在山区培育"苓子"，平地种植川芎。平地育苓影响根茎的生长，易发病虫害及退化，不宜采用。选育良种川芎选种主要选无病虫害、茎秆粗壮均匀、节盘发达匀称的芎苓子集中起来做育苗田。育苗田更要加强管理，培育好栽子作种。

挖起川芎根茎，除去茎叶、泥土和须根，称为"抚芎"。4月上旬移栽至高山区。栽种时在畦上开穴，按株距25cm，行距

30cm在畦上开穴，穴深5～7cm，穴内施入适量堆肥或畜粪水。每穴栽"抚芎"一个，芽头向上。

出苗后当苗高10～13cm时亮蔸疏苗，露出根茎上部，选留生长健壮、粗细均匀的地上茎8～12根，其余的从基部割去。疏苗后至5月下旬中耕除草1次，同时追肥，每亩追施人畜粪水1 000kg，加腐熟饼肥50kg。

8月上、中旬为栽种适期，过迟气温降低影响根茎的物质积累。栽前取出苓秆，剔除有病虫害的、无芽及芽已萌发的苓子。栽时选晴天在畦上按行距30cm横开浅沟，沟深2～3cm，株距约20cm，每行栽8个苓子。将苓子平放沟内，芽头向上并按紧，不宜过深或过浅。行间两头各栽苓子2个，每隔5～10行的行间密栽苓子1行，以备补苗。栽后用细肥土盖住苓子，盖草保湿并防暴雨冲刷及强光曝晒。

三、田间管理

（一）中耕除草

每年进行4次除草。栽后半月左右，齐苗后揭去盖草，进行第一次中耕除草，以后每隔约20天进行1次。注意浅锄表土，切勿伤根。前两次结合间苗、补苗。翌年1月上、中旬部分叶片枯黄时，先扯去地上部分，然后清洁田间，耙松表土，用行间泥土壅根，以利根茎安全越冬。

（二）追肥

结合前3次中耕各施追肥1次，每亩施畜粪水1 500～2 000kg，混入发酵的饼肥液50kg，加适量水稀释后穴施。第三次追肥后用草木灰、土肥、腐熟饼肥等混合肥料，在植株旁穴施后盖土。翌年4月上旬施春肥，用畜粪尿750kg、硫酸铵7.5kg、硫酸钾2.5kg淋穴，可增加根茎产量。

（三）病虫害防治

1.病害

白粉病：是真菌中的一种子囊菌。夏秋季发生，病叶如敷上白粉，后期病部发现黑色小点，严重时叶变枯黄。防治方法：发病初期喷65%代森锌500倍液，也可用波美0.3度石硫合剂，每7～10天喷1次，连续3～4次；对重病植株，要及时拔除烧毁。

2.虫害

（1）川芎茎节蛾。川芎茎节蛾又名臭股虫、钻心虫，属鳞翅目昆虫幼虫为害，5—9月大量发生。幼虫由叶柄基部或茎顶端钻入茎内，逐节咬食，使节盘尽蚀，全节为"通秆"，至全株枯萎。防治方法：发现幼虫初可用50%马拉硫磷加等量的40%乐果乳油混合后稀释800倍液喷洒。

（2）种蝇。种蝇有些地区发现有俗称"地蛆"。幼虫钻进根茎为害，以4—5月和9—11月为害最严重。防治方法：春天刚出苗时，用敌敌畏1 000倍液喷杀，每隔半月喷1次，连续3～4次；或在春天幼虫未钻出之前，用氨水浇灌植株根部，既能杀死幼虫，又施1次追肥，也可尽量消灭其成虫（蛾）。

（3）红蜘蛛。常在5—9月发生为害。若虫在叶背后吸叶汁，使叶片变黄，最后叶片脱落，严重时植株死亡。防治方法：发现红蜘蛛及时喷洒40%乐果1 500倍液。

四、采收加工

当地上部分茎叶开始枯萎时收获。收获时割去地上茎秆，挖出地下根状茎，抖净泥土，在田间稍晒后，运回加工。加工可分晒干或烘干，以烘干为好。烘时火力不可太大，以免烘焦，一般用60℃左右的温度即可。每天翻动1次，并将半干的拣出来，用撞兜撞1次，撞落残茎和须根。继续烘干时，下层放新鲜根茎，上层放半干根茎。等上层全干后，再将上、下层分别撞1次，上层经2次撞后即可除尽泥土、残茎及须根，选出干燥完全的即为成品药材，未全干的放在上层继续烘干，直到全部干燥为止。川芎亩产鲜货300～500kg，高产者达750kg。通常加工3kg鲜根茎，可得干药材1kg。

第二十二节　山　药

一、概述

山药，中药名，是薯蓣科薯蓣属多年生草本植物薯蓣的干燥根。山药味甘，性平。功效健脾，补肺，固肾，益精。主治脾虚泄泻，久痢，虚劳咳嗽，消渴，遗精、带下，小便频数。补脾养胃，生津益肺，补肾涩精。用于脾虚食少、久泻不止、肺虚喘咳、肾虚遗精、带下、尿频、虚热消渴。麸炒山药补脾健胃。

山药是多年生缠绕草本。块茎肉质肥厚，略呈圆柱形，垂直生长，长可达1m，直径2～5cm，外皮灰褐色，生有须根。茎蔓性细长，通常带紫色有棱，光滑无毛。叶对生或3叶轮生，叶腋间常生珠芽（名"零余子"）；叶片形状多变化，三角状卵形至三角状广卵形，通常耳状3裂，中央裂片先端渐尖，两侧裂片呈圆耳状，基部戟状心形，两面均光滑无毛；叶脉7～9条；叶柄细长，长1.5～3.5cm。花单性，雌雄异株；花极小，黄绿色，成穗状花序；雌花序下垂。蒴果有3翅，果翅长约等于宽。种子扁卵圆形，有阔翅。花期7—8月。果期9—10月。

野生于山区向阳的地方，喜温暖，耐寒，在北方稍加覆盖可以越冬。由于山药是一种深根性植物，故栽培地区应选择土层深厚、排水良好、疏松肥沃的沙质壤土。土壤酸碱度以中性最好，若土壤为酸性，易生支根和根瘤，影响根的产量和质量；过碱，其根部不能充分向下生长。

二、栽培技术

（一）整地选地

苗床地应选择背风向阳、地势高、排水良好、管理方便、土壤肥沃的地块，种植前深25~30cm，做到土粒细碎、土壤疏松、耕作层深厚、并耙平起垄或做床，床宽70cm，高20cm，床顶搂平后覆膜。

（二）繁殖方式

大田栽培甘薯都采用无性繁殖。即利用种薯育苗，再在大田移栽；或组织培养无菌苗（甘薯脱毒）。

1. 选种

选用薯形周正、皮色鲜明，生活力强、大小适中（0.15~0.25kg/个）的健康薯种，严格剔除带病的皮色发暗、受过冷害、薯块萎软、失水过多以及破伤的薯块，在播种前用70%甲基托布津300倍液浸种10分钟消毒，效果更好。

2. 栽种密度

每亩4 000~6 000株。力求在茎叶生长盛期，叶面积指数达到3~4.5。

3. 温湿度管理

薯块在16~35℃时，温度越高，发芽出苗就快而多。16℃为薯块萌芽的最低温度，最适宜温度范围为29~32℃。薯块长期在35℃以上时，由于薯块的呼吸强度大，消耗养分多，容易发生"糠心"。温度达到40℃以上时，容易发生伤热烂薯。薯块在35~38℃的高温条件下，4天时间，能使破伤部分迅速形成愈伤组织，并增加抗病物质（甘薯酮）的形成，提高抗黑斑病的能力。但是，长期在35℃或超过35℃对幼薯生长有抑制作用。所以，在育苗时高温催芽以后，要把苗床温度降到31℃左右。出苗后的温度控制在25~28℃为宜。在采用前5~6天，床温应降到20℃左右进行炼苗。甘薯苗床湿度要始终掌握湿润状态即可。

三、田间管理

（一）栽培方法

甘薯苗一般在5月中下旬移栽，可以单垄栽种，垄距45cm，株距25cm；起床栽培的，床上栽培2行，小行距30cm，株距25cm，亩保苗5 000~6 000株。

（二）打顶

生长旺季打掉甘薯嫩尖，起控上促下作用。生长过程可以适量追肥。

（三）病虫害防治

病害主要有白锈病、褐斑病。白锈病于春季发生；褐斑病夏季发生。防治：一是搭支架，使通风良好，不能在潮湿积水的地方种植；二是用波尔多液1：1：140倍液防治。

虫害主要有蛴螬、地老虎，咬食根部。防治：发生时用毒饵诱杀。甘薯病虫害的防治，应坚持以防为主、综合防治的原则。

四、采收加工

10—11月采挖，切去根头，洗净泥土，用竹刀刮去外皮，晒干或烘干，即为毛山药。选择粗大的毛山药，用清水浸匀，再加微热，并用棉被盖好，保持湿润闷透，然后放在木板上搓揉成圆柱状，将两头切齐，晒干打光，即为光山药。

第二十三节 远 志

一、概述

远志是远志科远志属多年生草本植物，别名：小草、细草、小鸡腿、细叶远志、线茶。远志以根入药，中药远志包括远志和卵叶远志。味苦、辛，性温。归心、肾、肺经。功效安神益智，祛痰，消肿。用于心肾不交引起的失眠多梦，健忘惊悸，神志恍惚，咳痰不爽，疮疡肿毒，乳房肿痛。

远志株高25~40cm。根圆柱形。茎丛生，上部绿色。叶互生，线形或狭线形，长0.8~4cm，宽0.5~1mm，先端渐尖，基部渐狭，全缘，中脉明显，无柄或近无柄。总状花序偏侧状，花淡蓝色。蒴果扁平，圆状倒心形，绿色光滑，边缘狭翅状，基部有宿存的花萼，种子卵形，微扁，棕黑色，密被白色绒毛。花期5—7月。果期6—8月。

生向阳山坡或路旁。分布东北、华北、西北及山东省、安徽省、江西省、江苏省等地。主产山西、陕西、河北、河南等省。此外，山东、内蒙古、安徽、湖北、吉林、辽宁等省（区）也有栽培。

二、栽培技术

（一）选地整地

选在地势高燥，排水良好的，一般土地均可种植。整地前撒施基肥，因远志系多年生草本，必须施足基肥，常用圈肥或堆肥每亩2 500kg，过磷酸钙50kg耕翻耙平，浇足底墒水后待播，采用平地条播。

（二）繁殖方法

远志是用种子繁殖，直播或育苗移栽均可，由于远志蒴果成熟时开裂，种子易撒落在地面，故应在7—8月果实成熟时采收种子。

1. 直播

春播于4月中下旬，秋播于10月中下旬或11月上旬进行。在整好的地上，把种子均匀撒入沟内，覆土1cm，按行距20～23cm开浅沟条播，每亩播种量0.75～1kg，播后稍加镇压，浇足水，播种后约半个月开始出苗。秋播在次年春季出苗。

2. 育苗

于4月上中旬，在苗床上条播，播种后覆土1cm，要保持苗床潮湿，苗床温度15～20℃为宜。播种后10天左右出苗，苗高6cm左右即可定植，定植应选择阴雨天或午后，按行距20～23cm，株距3～6cm定植。

三、田间管理

（一）加强田间除草

远志植株弱小，故在生长期需勤除草，以免杂草掩盖植株。

（二）浇水

因为远志性喜干燥，除种子萌发期和幼苗期适当浇水外，生长后期也需经常浇水。

（三）施肥

每年春、冬季及4—5月，各追肥1次，以提高根部产量。以磷肥为主，每亩可施饼肥20～25kg，或过磷酸钙12.5～17.5kg。喷施钾肥，每年6月中旬至7月上旬是远志生长旺季，此时每亩喷1%硫酸钾溶液50～60kg或0.3%磷酸二氢钾溶液1 200～1 500倍液喷雾，10天喷1次，连续3次。增强抗病能力，使根膨大。1年生的苗松土除草后或生长2～3年生的苗，在追肥浇水后，每亩盖麦草或麦糠、锯末之类800～1 000kg，顺着行盖，中间不需翻动直到收获。盖草可加强土壤中微生物的分解，保持水分，减少杂草，为远志生长创造良好条件。

（四）病虫害防治

1. 病害

远志病害主要是根腐病，表现为烂根，植株枯萎。防治方法：加强田间管理，及早拔除病株，烧毁，病穴用10%石灰水消毒。发病初期喷50%多菌灵1 000倍液，7天1次，连续2～3次。

2. 虫害

（1）蚜虫。蚜虫用吡虫啉加阿维菌素喷杀，10天1次，连续2～3次。

（2）豆芫菁。豆芫菁用氰戊马拉硫磷或敌杀死喷杀，连喷2次，间隔5~7天。

四、采收加工

远志于栽种后第三、第四年秋季回苗后或于春季出苗前，挖取根部，除去泥土和杂质，趁水分未干时，用木棒敲打，使其松软、膨大，抽去木心，晒干即可。抽去木心的远志称远志肉。如采收后直接晒干的，称远志棍。3年生亩产100~150kg，4年生亩产250~300kg。

第二十四节 泽 泻

一、概述

泽泻是泽泻科泽泻属多年生水生或沼生草本植物，别名：水泽、如意花、车苦菜、天鹅蛋、天秃、一枝花。全株有毒，地下块茎毒性较大。块茎直径1~3.5cm，或更大。泽泻株高50~100cm。地下有块茎，球形，直径可达4.5cm，外皮褐色，密生多数须根。叶根生，叶柄长5~54cm，叶片椭圆形至卵形，长5~18cm，宽2~10cm，先端急尖或短尖，基部广楔形，圆形或稍心形，全缘，两面均光滑无毛，叶脉6~7条。花茎由叶丛中生出，总花梗通常5~7个轮生，集成大型的轮生状圆锥花序。伞状排列；花瓣3个，白色，倒卵形，较萼短；雄蕊6个；雌蕊多数，离生，子房倒卵形，侧扁，花柱侧生。瘦果多数，扁平，倒卵形，褐色。花期6—8月。果期7—9月。

产黑龙江、吉林、内蒙古等省区。生于湖泊、河湾、溪流、水塘的浅水带，沼泽、沟渠及低洼湿地也有生长。花较大，花期较长，可用于花卉观赏。也可入药，主治肾炎水肿、肾盂肾炎、肠炎泄泻、小便不利等症。

二、栽培技术

（一）选地整地

育苗地宜选阳光充足、土层深厚、肥沃略带黏性、排灌方便的田块，育苗田播种前几天放干水。耕翻后，每亩施入腐熟堆肥3 000kg，然后耙匀，作成宽1～1.2m的畦即可播种。

（二）种植方式

播种前将种子用清水浸泡24～48小时，晾干水气，与草木灰拌和。在做好的床上撒播，播后5天左右，大部分萌芽。一般育苗1亩，可栽种25亩大田。移栽期一般在8月，选17～20cm的秋苗，按行距30～33cm，株距24～27cm，每穴栽苗1株，苗入泥中3～4cm即可。

三、田间管理

（一）扶苗补苗

定植后，于次日检查，发现倒伏的幼苗，应扶正；缺苗应补齐，确保全苗。

（二）除草追肥

泽泻在生长期间一般要耘田、除草、追肥3～4次。三者在同一时间内连续进行。

（三）灌溉排水

在生育期中宜浅水灌溉。移栽后保持水深2～3cm，第二次耘田除草后经常保持水深3～7cm，11月中旬以后，逐渐排于田水，进行烤田，以利采收。

（四）摘花葶、抹侧芽

8月下旬，在第二次耘田除草后，泽泻陆续抽花茎和萌发侧芽，消耗养分，影响产量和质量，故除留种者外，其余者应及时摘除花茎和抹去侧芽。

（五）病虫害防治

1. 病害

泽泻主要病害为白斑病，为害叶片，可于播种前用40%甲醛80倍液浸种5分钟，洗净晾干后播种粉1 000倍液，每7～10天1次，连喷2～3次。

2. 虫害

（1）莲缢管蚜。为害叶柄、嫩茎，可用化学药剂喷杀。

（2）银蚊夜蛾幼虫。咬食叶片，用90%敌百虫1 000倍液喷杀。

四、采收加工

泽泻移栽后于第二年10月，地上茎叶枯黄时即可采收。加工：块茎运回后，除去须根，立即进行暴晒或烘焙干燥，然后放入撞笼撞掉残留的须根和粗皮，使块茎光滑、呈淡黄白色即可。一般每亩可产干货150～200kg，以个大、光滑、色黄白、粉性足者为佳。

第二十五节 紫 菀

一、概述

紫菀是菊科紫菀属多年生草本植物，别名：青菀、紫倩、小辫、返魂草根、山白菜。株高40~150cm。茎直立，通常不分，粗壮，有疏糙毛。根茎短，必生多数须根。基生叶花期枯萎、脱落，长圆状或椭圆状匙形，长20~50cm，宽3~13cm，基部下延，茎生叶互生，无柄，叶片长椭圆形或披针形，长18~35cm，基部下延。中脉粗壮，有6~10对羽状侧脉。头花序多数，排列成复伞房状；花序边缘为舌状花，约20多个，蓝紫色，舌片先端3齿裂，中央有多数筒状花，两性，黄色。瘦果倒卵状长圆形，扁平，紫褐色，冠毛污白色或带红色。花期7—9月，果期9—10月。紫菀是常用中药材，以根和根茎入药，味苦、辛，性温。归肺经。功效润肺下气，化痰止咳。主治咳嗽，肺虚劳嗽，肺痿肺痈，咳吐脓血，小便不利。

紫菀喜温暖湿润气候，耐寒，耐涝、怕干旱。冬季气温-25℃时根可以安全越冬。除盐碱地外均可栽种，尤以土层深厚、疏松肥沃，富含腐殖质，排水良好的沙质壤土栽培为宜，粗性土不宜栽培。忌连作。野生紫菀多生于低山阴坡湿地、山顶和低山草地及沼泽地。分布在东北、华北、内蒙古东部、陕西省、甘肃省南部、安徽省北部、河南省西部。

二、栽培技术

（一）选地整地

紫菀喜温暖气候，耐寒、耐旱。对土壤要求不严，除盐碱地外均可栽培，但以疏松肥沃的沙壤土为好。栽培紫菀的地块要精耕细作。结合整地，施足基肥：每亩施土杂肥5 000kg、尿素20kg、过磷酸钙50kg。浇足底墒水后做畦。

（二）繁殖方式

紫菀生产上用根状茎繁殖。播种期分春播和秋播。春播在清明前后，秋播在霜降前后。栽前选生长健壮，无病虫害的地下种茎截成5cm长的小段，每段有2～3个芽眼。按行株距20cm×15cm。定植在整好的畦面上。然后浇水保墒即可。每亩播种量30kg。

三、田间管理

（一）除草

紫菀出苗后应注意中耕除草。若规模种植应于苗前采用药田专用除草剂进行土壤处理，可有效防除各种杂草。

（二）浇水

紫菀为浅根作物，干旱天气应及时浇水，但阴雨天气也应注意排水。

（三）剪薹

紫菀生长期间，容易发生抽薹现象，应及时剪除，以防养分消耗。

（四）病虫害防治

1.病害

（1）霜霉病。可于发病前后用65%代森锰锌500倍液喷雾防治。或于发病初期用乙膦铝防治。

（2）斑枯病。主要为害叶部可于发病初期用多菌灵防治。每周1次，连喷3次。

2. 虫害

（1）地下害虫。用辛硫磷配毒饵诱杀。

（2）白粉蝶。白粉蝶幼虫咬食叶片，可用杀灭菊酯类农药杀灭。

四、采收加工

紫菀于秋后地上茎叶枯萎后采收。采收时，先用割去地上部分，再刨出地下根茎，去净泥土，晒干即可入药出售。亩产量200kg。

第二十六节　大　黄

一、概述

大黄，中药名，是蓼科大黄属多年生草本植物掌叶大黄和唐古大黄或药用大黄的根茎。味苦，性寒。功效泻实热，破积滞，行瘀血。主治实热便秘，食积停滞，腹痛，急性阑尾炎，急性传染性肝炎，血瘀经闭，牙痛，衄血，急性结膜炎；外用治烧烫伤，化脓性皮肤病，痈肿疮疡。

大黄根粗壮，茎直立中空，株高1~2m，光滑无毛。根生叶大，有肉质粗壮的长柄，约与叶片等长，叶片宽心形或近圆形，径达40cm以上，3~7条掌状深裂，裂片全缘或有齿，或浅裂，基部略呈心形，有3~7条主脉，上面无毛或稀具小乳突，下面被白毛，多分布于叶脉及叶缘；茎生叶互生较小，叶鞘大，淡褐色，膜质。圆锥花序大形，分枝弯曲，开展，被短毛；花小，数朵成簇，互生于枝上，幼时呈紫红色；花梗细。瘦果三角形，有翅，顶端微凹，基部略呈心形，棕色。花期6—7月。果期7—8月。

野生于山地灌木林下或林缘较阴湿地方。分布于甘肃、青海、四川及西藏等省区。大黄喜凉爽气候，耐严寒。因其颇喜阳光，故应选阳光充足、土层深厚的沙质壤土及石灰质壤土地区栽培。中国用大黄于医药有悠久历史，西汉初已成批运销欧洲，为中国主要出口药材之一。

二、栽培技术

（一）整地选地

大黄在海拔1 500m以上的山区种植，生长表现良好。选土层深厚、疏松、肥沃、排水良好的腐殖质土、中性微碱性沙质土壤培植。在春季解冻时，按亩施优质农家肥5 000kg以上，把肥料均匀撒入地表，然后结合整地进行耕翻入土，耕地深度35cm左右，耕平整细，浇足底墒水后待播。

（二）繁殖方式

大黄主要采用种子繁殖。选择三年生大黄植株上所结的饱满种子，在30~40℃的温水中浸泡4~8小时后，以2~3倍于种子重量的细沙拌匀，放在向阳的地下坑内催芽，或用湿布将要催芽的种子覆盖起来，每天翻动2次，有少量种子萌发时，揭去覆盖物稍晾后，即可播种。

1. 直播方法

在整好的地内，按行距60cm，株距45cm，挖深度为3cm的穴点种，每穴点籽5～6粒，覆土厚度1～2cm，稍做镇压，使种子与土壤密接，然后在地面撒施敌百虫粉剂，防止害虫为害刚出土幼芽及幼叶，亩种量2～2.5kg。

2. 育苗移栽

育苗时先把地整成100cm宽的平畦，向畦内灌水，待水下渗后表土稍松散时，在畦内按距15～16cm，开3cm深的浅沟，将种子均匀撒施于沟内，覆土厚度以不露种子为宜（春播于清明至谷雨期内，秋播在大暑至立秋时，但以秋播为佳，因种子新鲜，发芽率高，幼苗栽后植株生长健壮，产量高）。春季育的苗在次年春分至清明期间移栽，秋季育的苗在次年秋季移栽。移栽时按行距60cm，挖24cm宽，深30cm左右的沟，将挖出的土培成垄，施用农家肥5 000kg以上于沟内，再用铁锹翻1遍，使肥料与土均匀混合，整平低沟，待栽苗子。当清明前幼苗刚开始萌动时，先从育苗畦内挖出药苗，选健壮苗，削去侧根及尾梢移栽，芽头向沟壁平放沟内，离沟壁3cm左右，株距30～45cm，摆好后覆土。

三、田间管理

（一）间苗锄草

直播田当植株长出2～3片叶时，去弱留强，去小留大，实施间苗定苗，当叶片长出15cm高时，中耕锄草培土施肥。

（二）培土施肥

移栽后当年6月进行培土，把垄上的部分土培于沟内，8月实施2次培土，移栽第二年清明前后将优质农家肥亩用量4 000kg

与垄上的土混匀培到植株茎基部。

（三）割除花薹

当大黄长出花薹时，除留种者外在花薹刚刚抽出时，选择晴天用镰刀将花薹割去，并培土到割薹处，用脚踏实，防止雨水浸入空心花序茎中，引起根茎腐烂。

（四）病虫害防治

1. 病害

根腐病是大黄毁灭性的病害，当年7—8月高温高湿季节最易发病，栽培上防治此病除实行轮作，及时排水等措施外，当田间发现中心病株时应及时拔出，带出田外做深埋处理或集中烧毁，并用5%的石灰乳浇灌病穴。对尚未发病的药苗用1：1：100波尔多液或50%代森锰锌800倍液灌根，7～10天1次，连续3～4次，进行预防。此外，还有大黄霜霉病、轮纹病等。发生时对症防治。

2. 虫害

蚜虫是常出现的虫害，在开花期发生较重，可喷洒吡虫啉加阿维菌素防治。

四、采收加工

移栽后3～4年便可收获，中秋至深秋当叶子由绿变黄时刨挖。采挖时选晴天先将地上茎割去，再挖出地下根，抖去泥土，切去根茎部顶芽及芽穴，刮掉根茎部粗皮，对过粗的根纵劈成6cm厚的片，小根不切，直接晒干或慢火熏干，呈黄色时可供药用，根茎部分称大黄，根及侧根可作兽用大黄（称水根、水大黄），4～5kg鲜货，可烘干1kg干货。一般亩产干品400～500kg。

第二章　花类药材

第一节　草红花

一、概述

　　草红花，是菊科草红花属1年生草本植物，别名：红蓝花、刺红花。红花喜温暖、干燥气候，抗寒性强，耐贫瘠。抗旱怕涝，适宜在排水良好、中等肥沃的沙土壤上种植，以油沙土、紫色夹沙土最为适宜。种子容易萌发，5℃以上就可萌发，发芽适温为15~25℃，发芽率为80%左右。适应性较强，生活周期120天。以花入药，干燥的管状花橙红色，花管狭细，先端5裂，裂片狭线形，花药黄色，联合成管，高出裂片之外，其中央有柱头露出。具特异香气，味微苦。以花片长、色鲜红、质柔软者为佳。功效活血通经，散瘀止痛，有助于治经闭、痛经、恶露不行、胸痹心痛、瘀滞腹痛、胸胁刺痛、跌打损伤、疮疡肿痛疗效。主产河南、湖南、四川、新疆、西藏等省区。

二、种植技术

（一）整地选地

　　红花抗旱怕涝，喜欢地势高燥，疏松通透的沙壤土。精细整地，施足基肥。草红花种植宜早不宜晚，内蒙古地区最好在清明前后种植。

（二）繁殖方式

红花以种子繁殖，播种方法：按行距45cm，株距20～25cm种植，亩用种1.5～2.5kg。

三、田间管理

（一）打顶追肥

红花播种后7天就能出苗，在杂草萌发前，草红花已经长大了，草红花现蕾前可以打顶，让草红花分蘖提高产量。草红花打顶后，浇水追肥促分蘖。追氮磷钾复合肥每亩10kg。

（二）中耕锄草

播后遇雨及时破除板结，拔锄幼苗旁边杂草。第一次中耕要浅，深度3～4cm，以后中耕逐渐加深到10cm，中耕时防止压苗，伤苗。灌头水前中耕、锄草2～3次。

（三）浇水采花

开花期遇干旱浇水，红花开花后颜色由黄转为油状红润时，及时采花，以早晨采花为好。一般可连续采花20天左右。采花结束后浇水施肥促子实饱满成熟。红花种子完熟后机械采收。

（四）病虫害防治

1.病害

（1）根腐病。由根腐病菌侵染，整个生育阶段均可发生，尤其是幼苗期、开花期发病严重。发病后植株萎蔫，呈浅黄色，最后死亡。防治方法：发现病株要及时拔除烧掉，防止传染给周围植株，在病株穴中撒一些生石灰用恶霉灵1 000倍液浇灌病株。

（2）黑斑病。黑斑病在4—5月发生，受害后叶片上呈椭圆形病斑，具同心轮纹。防治方法：清除病枝残叶，集中销毁；与禾本科作物轮作；雨后及时开沟排水，降低土壤湿度。发病时可用70%代森锰锌600～800倍液喷雾，每隔7天1次，连续2～3次。

2. 虫害

（1）蚜虫。整个生长期均易发生。防治方法：于发生初期用吡虫啉或啶虫脒与阿维菌素全田封闭防治。

（2）钻心虫。对花序为害极大，一旦有虫钻进花序中，花朵死亡，严重影响产量。防治方法：在现蕾期应用高效氯氢菊酯1 000倍液叶面喷雾2～3次，把钻心虫杀死。

四、采收

红花收获分为收花和收籽2种工序。收花：以花冠裂片开放，雄蕊开始枯黄，花色鲜红油润时采收为宜。尤以盛花期清晨采摘为好，此时花冠不易碎裂，苞片不刺手。若采收过早，花朵尚未授粉，颜色发黄，过晚则变为紫黑色，两者均影响品质和经济效益。收籽：到完熟期采用机械收获。一般亩产花10～15kg，亩产红花子（中药"白平子"）100～150kg。

第二节　金银花

一、概述

金银花，中药名，是忍冬科忍冬属藤本灌木的花蕾，具有清热解毒功效。主治外感风热或温病发热，中暑，热毒血痢，痈肿疔疮，喉痹，多种感染性疾病。金银花堪称是植物界的消炎药。

金银花是木质藤本，藤长2~4m。树皮黄褐色渐次变为白色，嫩时有短柔毛。叶对生，卵圆形至椭圆形，长4~8cm，宽3.5~5cm，上面绿色，主脉上有短疏毛，下面带灰白色，密生白色短柔毛；花冠管状，长1.6~2cm，稍被柔毛，初开时白色，后变黄色。花期6—9月，果期10—11月。多生于长城以南、阳光充足、雨水丰沛，林木稀疏的丘陵、山坡及地堰。多栽培于排水良好、土层深厚、肥沃、疏松的沙质壤土。具有耐寒、耐旱、耐盐碱、耐瘠薄的特性。主产山东省，现在全国各地都有栽培。

二、种植技术

（一）适应性强

金银花适应性很强，对土壤要求不严格，不论土壤肥瘠均能生长，但以土壤肥力高的生长快一些，旺一些，产量也高一些。可以利用野生金银花在山坡、山区梯田的地边地堰、荒埂或树林等空隙地栽培，不仅可充分利用土地，增加收入，而且还能保护地堰，防止水土流失。

（二）繁殖方式

金银花的繁殖有扦插、压条和分株3种，其中，以扦插法为最好，因为金银花扦插生根容易，技术简单，易于推广采用。

1. 扦插繁殖法

金银花的扦插不论在春季或雨季均可进行。但一般多在立秋后（7—8月）的雨季，因立秋后土地较凉，埋在地里一段插条不易发霉，成活率高达90%以上，技术好的能达100%。但无论在什么时候扦插，均应掌握连续阴天大雨时扦插为好。扦插前要根据土层的厚薄，先定出株行距离，挖好穴，一般株行距离都是130~170cm，穴深23~33cm，长宽各17cm左右。挖好穴后，选择生长健壮，2年生的枝条作插穗，用手劈下来（手劈的比刀劈的成活率高），插穗约42cm长，将下一段插到地的叶子摘去（防止插到地里后，叶子发热影响成活）。每穴斜立着均匀地排上3~4根或5~6根插穗，上端露出地面2~3节，然后填土踏结实。

2. 压条繁殖法

一般多在扦插繁殖后1年内，即利用伏雨时期，将每丛长出来的条子，分别压在各丛周围的一种繁殖方法。用这种方法繁殖，既能扩大金银花丛的面积，增强其保持水土的能力，又能生长多量的条子，增加金银花的产量。这种方法只可为扩大金银花丛采用，如大量，远不如用扦插法简便易行。

3. 分株繁殖法

从生长几年的金银花枝丛中，分出一部分来剪去老根，然后移栽到别的地方。分株时期大多在春季2—4月，金银花还未发芽时进行。但用此法繁殖，不如扦插法简便，且影响金银花当年产量。因此，多不采用此法繁殖。

三、田间管理

金银花在田间管理比较简单，但一般应注意以下几点。

（一）锄草和施肥

金银花繁殖后，在其生长期间，应根据杂草的生长情况，每年锄草3~5次，每丛并需酌量施用厩肥或堆肥10~15kg。

（二）修整地堰和培土

松土培土的目的是使土壤疏松，保护花丛的基部不受伤害，使其多生根，多发枝条。松土培土每年春秋可各进行1次，春季在惊蛰前，秋季在秋末到上冻前。松土培土可以和春耕、冬耕或春秋修整地堰结合起来进行。

（三）加强看管保护工作

金银花多生长在山区的梯田的地堰和地边上，很容易被牛羊践踏啃食，所以，应加强金银花看管保护工作。每年早春应适当修剪过密的或过老的枝条，并掌握由里向外，分出层次，疏剪或"里三层外三层"的花丛形式，使其结花多，产量高。

（四）病虫害防治

1. 病害

金银花病害较少，一般有以下几种。

（1）忍冬褐斑病。主要为害叶片。7—8月多雨季节发病严重。防治方法：结合冬季剪枝，清除病枝落叶，集中烧毁或深埋，以减少病菌来源。6月下旬开始，用波尔多液或50%退菌特可湿性粉剂600~800倍液喷雾，每15~20天喷1次，连续2~3次。

（2）白绢病。主要为害茎部。高温多雨季节易发生，幼花墩发病率低，老花墩发病率高。防治方法：春季扒土晾根，刮治根部，用波尔多液浇灌，并用五氯酚钠拌土敷根部；病株周围开深30cm的沟，以防蔓延。

（3）白粉病。主要为害新梢和嫩枝。防治方法：施有机肥，提高抗病力；加强修剪，改善通风透光条件；结合冬季剪修，尽量剪除带病芽。早春鳞片绽裂，叶片未展时，喷波美

0.1 ~ 0.2度石硫合剂。

2. 虫害

（1）蚜虫。一般在4—5月阴雨天气繁殖迅速，主要为害叶片、嫩枝及花蕾，使叶片、花蕾卷缩，生长停止，造成减产。防治方法：用吡虫啉或啶虫脒800倍液，7天喷1次，连续2次，可基本消灭。

（2）金银花尺蠖。为害叶片，严重时将叶片全部吃光，如连续3年发生，则使整株死亡。防治方法：通过剪枝清除基部枝条及枯叶，清理蛹越冬场所。发生时用500 ~ 1 000倍固体敌百虫液，每5 ~ 10天喷1次，连续2次。采花时8 ~ 10天停止用药。

（3）咖啡虎天牛和中华锯天牛。为蛀秆性害虫。咖啡虎天牛，为害严重。以幼虫和成虫越冬，幼虫为害干枝后粪便排入蛀孔，将蛀孔堵塞，特别坚硬。农药防治一般不能奏效。近年试用大田放天牛肿腿蜂，寄生于咖啡虎天牛的幼虫、蛹上，取得较好效果。大田放寄生蜂最适宜气温在25 ~ 30℃，以晴天小风为宜。7—8月放蜂，寄生率可达70%，1次放蜂，虫口率减少75%以上，肿腿蜂的越冬存活率为80%左右。

（4）红蜘蛛。早春到初夏均有发生，繁殖率高、发生快，为害性大。轻者减产，重者无收。防治方法：早春用波美0.1 ~ 0.2度石硫合剂、阿维菌素和杀螨灵2 000倍液喷杀，7天1次，连续2次。喷药及时、连续、不漏墩、不漏枝。

（5）柳木蠹蛾和豹纹木蠹虫。幼虫蛀食茎部和茎秆，被害后植株长势衰落，不孕花蕾，连续几年被害则整株死亡。10年以上花墩被害率可达35% ~ 60%。防治方法：结合剪枝、除去枯老枝、过密枝。7月下旬至8月下旬用高效氯氰菊酯或灭多威1 500倍液加0.3%的煤油喷施。

四、收获加工

金银花开始采花的时期，是在每年4—5月（山东省和河南省多是5—6月，内蒙古地区在6—8月），花针刚开出来到开放15天左右时间。这时期如气温高，开放要早几天，气温低，开放要晚几天。一般以花针由青变白，上部膨胀，花蕾未开放时，是采花适宜时期。花针发青未长足和花针开放后采摘，均会降低产量和质量。据经验，金银花因为开放程度不同，约可分为大白花、二白花、三白花3种。大白花是即将开放的花朵，遇见这样的花朵，应立即采摘。二白花是第二天就要开放的花朵，也就是采收时期最适宜的花朵。三白花是比较幼嫩的花朵，遇到这种花，应再等1天，使其变成二白花时再采收。一般适宜采摘的鲜花，每4kg可晒1kg干花。如完全开放的鲜花需7~8kg才晒1kg干花（山东省金银花1年收2次，头次花5—6月收，2次花7月收）。每亩约可采收干金银花40kg。采摘金银花应在晴天早上进行，将采摘的鲜品按质优次分别放置，分别晾晒，做到及时采摘，及时晾晒。晾晒时要找干燥太阳直射的地方，将采摘的鲜花薄薄地铺在晒垫上或簸箕内，或者干燥细沙地和石板上，厚度以似露不露地面（或晒垫）为合适。如太阳强烈可厚一些，以免晒黑花针。最好是当天晒干，这样花针的色泽好。但须注意摊好后未到八九成干不能翻动，否则，会使花变黑，降低质量。金银花的水分，不容易一次彻底晒干，一般晒过第一次后，经过3天左右的时间，需再晒1次。复晒的时间，有半天至1天就行。

第三节　金莲花

一、概述

金莲花为毛茛科多年生宿根草本植物，别名金疙瘩、金梅草。全株无毛，株高30～70cm，不分枝。基生叶1～4片，具长柄，叶片五角形，长3.8～6.8cm，宽6.8～12.5cm，3全裂，中央裂片菱形，2回裂片有少数，小裂片有锐牙齿；茎生叶似基生叶，向上渐小。花单生或2～3朵组成聚伞花序；花冠黄色，椭圆状倒卵形或倒卵形，长1.5～2.8cm，宽0.7～1.6cm；花瓣多数，与萼片近等长，狭条形，雄蕊多数。蓇葖果长1～1.2cm，有弯的长尖。夏季开花。花含生物碱及黄酮类成分，入中药，性凉，味苦。有清热解毒、抗菌消炎功效。主治急慢性扁桃腺炎、急性中耳炎、结膜炎、鼓膜炎等症。

金莲花根系浅，怕干旱，忌水涝，主产于河北省围场、山西省五台山及内蒙古南部，目前主要依靠野生资源。栽培金莲花夏季高温多雨，植株易烂根死亡。如搭棚遮阴和林下栽种，可减轻植株死亡。

野生金莲花生于湿草甸、林间草地或林下，耐寒，忌湿热。主要分布于吉林省西部、辽宁省、内蒙古东部、河北省、山西省和河南省北部。

二、栽培技术

（一）选地整地

栽培金莲花最好选冬季寒冷、夏季凉爽的平缓山地或坝区，具体种植地应选排水良好的沙质壤土，尽量选用平缓稀疏林或幼林果园。耕地前每亩施腐熟有机肥3 000～4 000kg做基肥，均匀施于地表，再深耕翻入地下，耙平做畦。一般作平畦，多雨地区可作高畦，畦宽1.4～1.5m，在不便灌溉的缓坡地，就山势整平，再根据地形开数条排水沟即可。

（二）繁殖方式

金莲花主要靠种子繁殖和分株繁殖。

1. 种子繁殖

（1）采收种子。金莲花野生状态下7月下旬种子陆续成熟。种子很小，千粒重只有0.8～1.3g。新采下的种子尚处于休眠状态，须经低温沙藏或赤霉素处理打破休眠后方可发芽。成熟的种子呈黑色，有光泽。采种时应小心，剪下的果实勿倒置，以防种子从果端小孔处掉落；及时装入布袋内，运回摊开晾数天后再脱粒，簸净种子，用5～10倍的湿沙拌匀，装于木箱或大花盆里，埋于阴凉处。储藏期间要常检查沙子的干湿度，干了应及时浇水，雨季要加盖，防雨淋湿，入冬前要盖草压土防冻。第二年早春解冻后取出播种。少量种子可藏于0～5℃冰箱内。

（2）播种。播种前2～3天先把地浇湿，待稍干时耙平整细再播种。用经低温沙藏处理的种子与沙一起，于畦面按10cm行距开浅沟条播或撒播，播后盖0.5cm厚的薄土，并搭阴棚或盖薄膜保湿。要常浇水，保持表土湿润，播后10天左右即可出苗，新采收的种子也可用500mL/kg的赤霉素浸24小时后播种，同样可以出苗。出苗后要勤松土除草和浇水，保持土壤湿润，无杂草。苗期可追施尿素1次，每次亩用量5kg。加强管理，第二年春化冻后即可移栽，行距30～35cm，株距20～25cm。

2. 分株繁殖

秋末植株枯黄时采挖种苗，地上部干枯花茎尚存，便于发现，或于4—5月出苗时挖取。将挖起的根状茎进行分株，每株留1～2个芽即可栽种，栽植行株距同上。栽后浇水，无浇水条件的地方，栽后应把土压实，秋末栽植成活率较高。

三、田间管理

（一）松土除草

植株生长前期应勤除草松土，保持畦内清洁无杂草。7月植株基本封垄，操作不便，避免伤及花茎，可不再松土除草。

（二）浇水施肥

金莲花苗期不耐旱，应常浇水，经常保持土壤湿润，雨季要注意排涝。除整地前施足基肥外，在生长期间还要适当追肥。每年出苗返青后苗高6～10cm时，追施氮肥以提苗，每亩可施尿素15～20kg。6—7月可追施磷铵颗粒肥，每亩30～50kg，冬季地冻前应施有机肥，每亩2 500～3 000kg。每次施肥都应开沟施入，施后盖土。

（三）遮阴

在海拔较低，夏季较炎热的地方引种，特别要注意遮阴，以降低畦内温度。一般应搭棚，荫蔽度控制在30%～50%。应根据当地气候及植株生长情况，合理调节荫蔽度。棚高1m左右即可，搭棚料材可就地取用。也可采用与高秆作物或果树间套作，来达到遮阴目的。

（四）病虫害防治

1. 病害

金莲花的主要病害为根腐病，表现为烂根，多因湿度过大引起，应控制好土壤湿度，少浇水，夏季要及时遮阴，并开好排水沟。并用恶霉灵灌根防治。

2. 虫害

地下害虫有蛴螬、蝼蛄、金针虫等咬食地下根状茎，造成断苗。育苗地要特别注意防止蝼蛄串根，可用50%敌百虫30倍液1kg与50kg炒香的麸皮拌潮，撒于畦面诱杀。金针虫可用90%敌百虫或50%辛硫磷，与煮至七成熟后取出沥干水的谷物拌匀撒于畦面防治。

四、采收加工

采用种子繁殖的植株，播后第二年即有少量植株开花，第三年后才大量开花；采用分根繁殖者，当年即可开花。一般在夏季开花季节及时将开放的花朵采下，运回晒场，放在晒席上，摊开晒干或晾干即可供药用。

第四节 鸡冠花

一、概述

鸡冠花是苋科青葙属1年生草本植物，株高60~90cm，全体无毛。茎直立，粗壮。单叶互生，长椭圆形至卵状披针形，长5~12cm，宽3.5~6.5cm，先端渐尖，全缘，基部渐狭而成叶柄。穗状花序多变异，生于茎的先端或分枝的末端，常呈鸡冠状，色有紫、红、淡红、黄或杂色；花密生，每花有3苞片；花被5片，广披针形，长5~8mm，干膜质，透明；雄蕊5个，花丝下部合生成环状；雌蕊1个，柱头2浅裂。胞果成熟时横裂，内有黑色细小种子2粒至数粒。花期7—9月。果期9—10月。鸡冠花以花序入药，味甘、涩，性凉。归肝、大肠经。功效收敛止血，止带，止痢。用于吐血，崩漏，便血，痔血，赤白带下，久痢不止。

鸡冠花喜温暖干燥气候，怕干旱，喜阳光，不耐涝，但对土壤要求不严，一般土壤庭院都能种植。全国各地均有种植。

二、栽培技术

（一）选地整地

鸡冠花喜温暖干燥气候，怕干旱，喜阳光，不耐涝，但对土壤要求不严，一般土壤庭院都能种植，选地后施足基肥，耕细耙匀，整平做畦。

（二）繁殖方式

鸡冠花以种子繁殖。

春播于清明后播种，将种子均匀撒于畦面，用细土略盖严种子，踏实浇透水，一般在气温15~20℃时，10~15天可出苗；夏播于芒种后，按行距30cm条播播种，夏播一般10天左右即可出苗。

三、田间管理

（一）间苗移栽

苗高6cm时，按株距20cm间苗，间下的苗可移栽其他田块，移栽后一定要浇水。幼苗期一定要除草松土，不旱不浇水。

（二）追肥

苗高30cm时，要追肥1次，亩施复合肥或氮肥10～15kg。追肥后耕地覆土浇水。

（三）打老叶，抹花芽

封垄后稍适当打去老叶，开花抽穗时，如果天气干旱，要适当浇水，雨季低洼处严防积水。抽穗后可将下部叶腑间的花芽抹除，以利养分集中于顶部主穗生长。

（四）病虫害防治

1. 病害

幼苗期发生根腐病，可用生石灰大田撒播。

2. 虫害

生长期易发生小造桥虫，用啶虫脒或菊酯类农药叶面喷洒，可起防治作用。

四、采收加工

一般在白露前后，种子逐渐发黑成熟，可及时割掉花薹，放通风处晾晒，在晒时要早出晚归，勿使夜露，以免变质降低药效，装袋贮存。

第五节　款冬花

一、概述

款冬花，中药名，是菊科款冬属多年生草本植物款冬的干燥花蕾，别名：冬花、蜂斗菜、款冬蒲公英。味辛、微苦，性温。功效润肺下气，止咳化痰。用于新久咳嗽，喘咳痰多，劳嗽咳血。

款冬花株高10～25cm。基生叶广心脏形或卵形，长7～15cm，宽8～10cm，先端钝，边缘呈波状疏锯齿，锯齿先端往往带红色。基部心形成圆形，质较厚，上面平滑，暗绿色，下面密生白色毛，掌状网脉，主脉5～9条，叶柄长8～20cm，半圆形，近基部的叶脉和叶柄带红色，并有毛茸。花茎长5～10cm，具毛茸，小叶10余片互生，叶片长椭圆形至三角形。头状花序顶生；总苞片1～2层，质薄，呈椭圆形，具毛茸；舌状花在周围一轮，鲜黄色，单性，花冠先端凹。瘦果长椭圆形，具纵棱，冠毛淡黄色。花期3—4月。果期4～5月。

生长于海拔800～1 600m的沟谷旁、稀疏林缘、岩石缝隙及林下。性喜温暖湿润的气候环境，夏季喜欢凉爽气候，要求在疏松肥沃、排水良好的沙质土壤中生长。主产陕西、山西、河南、甘肃、青海、四川、内蒙古等省区。

二、栽培技术

（一）选地整地

款冬花是半阴半阳的植物，喜欢在二阴地上生长，就是人们说的反冷浆的土地。种植款冬不需深翻，只需深翻20cm即可，整细耙平。亩施三元复合肥30～35kg，整地时将肥均匀施入土层内。

（二）繁殖方式

大田种植款冬花主要用根状茎繁殖。

4月上中旬，将款冬花的根状茎从地下翻出后，将根状茎剪成10cm的小段后，即可播种。按行距30cm开6cm深的沟，按株距20cm栽植，亩用种根20kg左右。播后覆土镇压即可。

（三）栽培方式

款冬花是半阴植物，与高秆作物玉米、葵花等间作效果最好，两者相辅相成，经济效益高。

三、田间管理

出苗后要经常松土除草外，8月视款冬花生长情况可亩追高磷高钾三元复合肥20～30kg。款冬花忌高温暴晒，也怕水涝，一定要注意及时排水。

四、采收

款冬花到11月，用机械距地面10cm处挖出，采摘茎基部的小花蕾，需戴手套摘花蕾，否则，花蕾会变黑。采摘下的花蕾烘干或晒干后即可销售。

第三章 果实与种子类药材

第一节 王不留行

一、概述

王不留行是石竹科麦蓝菜属一年生草本植物，株高30～70cm。全株平滑无毛，稍有白粉。茎直立，上部呈二叉状分枝，近基部节间粗壮而较短，节略膨大，表面是乳白色。单叶对生无柄，叶片卵状椭圆形至卵状披针形，长1.5～7.5cm，宽0.5～3.5cm，先端渐尖，基部圆形或近心形，稍连合抱茎，全缘，两面均呈粉绿色，中脉在下面突起，近基部较宽。疏生聚伞花序着生于枝顶，花便细长，花萼圆筒状，花后增大呈5棱状球形，顶端5齿裂；花瓣5片，粉红色，倒卵形，先端有不整齐小齿；10枚雄蕊不等长；子房上位1室，花柱2个。蒴果包干宿存花萼内，成熟后先端呈4齿状开裂。种子多数，暗黑色，球形，有明显的疣状突起。花期4—6月，果期5—7月。

王不留行以种子入药，味苦，性平，归肝、胃经。功效活血通经，催生下乳。主治妇女经行腹痛，经闭，乳汁不通，乳痈痈肿。野生于山坡、路旁，尤以麦田中最多。喜温暖湿润气候，耐旱，对土壤要求不严，以疏松肥沃、排水良好的沙质壤土栽培为宜。

二、栽培技术

（一）选地整地

一般土壤均可种植，但以选排水良好，土地肥沃的田块种植为好。每亩施复合肥30kg，饼肥40kg或农家肥1 000 ~ 1 500kg做基肥，均匀撒于地表，然后深翻20 ~ 25cm，整平或做畦，浇足底墒水。

（二）繁殖方式

王不留行是以种子繁殖。

4月播种，条播或撒播。条播：行距15 ~ 20cm，播深2cm。撒播：将种子均匀撒于地面，用耙子轻轻耙动，使其覆土1 ~ 1.5cm。播种后注意保墒，约15天出苗。每亩播种量1 ~ 1.5kg。

三、田间管理

（一）田间补苗

待幼苗长出4 ~ 6片真叶时，进行间苗补苗。第一次间苗保持株距4 ~ 5cm，第二次定苗株距8 ~ 10cm。补苗需带上移栽，然后浇水，提高成活率。

（二）追肥

5月中下旬到6月上旬，当王不留行进入孕蕾期时，开始追肥，每亩用磷酸二氢钾300 ~ 400g，对水50kg，进行叶面喷施，每10天1次，连续2 ~ 3次，以促进果实饱满，增加产量。

（三）中耕除草

保持田间无杂草，是提高产量和质量的重要环节，除草须选择晴天露水干后进行，以孕蕾前除草最好，生长后期不宜除草，以免损伤花蕾。

（四）病虫害防治

王不留行的病虫害很少发生，仅见的病害有黑斑病，从叶尖或叶缘先发病，使叶尖或叶缘褪绿，呈黄褐色，并逐渐向叶基部扩散，后期病斑为灰褐色或白灰色。湿度大时，病斑上产生黑色雾状物。一般在4月上旬开始发病，4月下中旬湿度大时发病严重。防治方法：播种前用70%甲基托布津按种子量0.2%拌种，或用25%多菌灵按种子量0.3%拌种。发病初期分别用70%甲基托布津1 000倍液，40%多菌灵800倍液，50%抗枯灵1 000倍液，进行喷洒防治，10～15天1次，连续2～3次，以午后喷药效果最好。

四、采收加工

5月下旬至6月下旬待萼筒变黄种子变黑时，趁早晨露水未干时收割地上部分，运回，晒干脱粒，除去杂质，装入布袋，贮藏于通风干燥处。留种地应分别采收。一般亩产药材200kg。

第二节　急性子

一、概述

急性子，中药名，是凤仙花科凤仙花属1年生草本植物凤仙花干燥成熟的种子，味辛、苦，性温，小毒。归肾、肝、肺经。功效行瘀降气，软坚散结。主治经闭痛经，产难，产后胞衣不下，噎膈痞块，骨鲠，龋齿，疮疡肿毒。

凤仙花株高40～100cm。茎肉质，直立，粗壮。叶互生，叶柄长约1～3cm，两侧有数个腺体，叶片披针形，长4～12cm，宽1～3cm，先端长渐尖，基部渐狭，边缘有锐锯齿，侧脉5～9对。花梗短，单生或数枚簇生叶腋，密生短柔毛，花大，通常粉红色或杂色，单瓣或重瓣。萼片2片，宽卵形，有疏短柔毛。旗瓣圆，先端凹，有小尖头，背面中肋有龙骨突；翼瓣宽大，有短柄，2裂，基部裂片近圆形，上部裂片宽斧形，先端2浅裂；唇瓣舟形，被疏短柔毛，基部突然延长成细而内弯的距；花药钝。蒴果纺锤形，熟时一触即裂，密生茸毛。种子多数，球形，黑色。

对环境条件要求不严，常野生于荒地、路边、宅旁菜园等地。适应性较强，在多种气候条件下均能生长，一般土地都可种植，但以疏松肥沃的壤上为好，涝洼地或干旱瘠薄地生长不良。

二、栽培技术

（一）选地整地

选地势高，排水良好的田块。整平耙细。结合整地，每亩施土杂肥3 000kg，尿素15kg，磷钾肥50kg。然后做成高畦浇足底墒水，等待播种。

（二）繁殖方式

急性子是以种子繁殖，播种期有春播和夏播。春播在清明前后；夏播在芒种前后，以麦茬，油菜茬为主。直播：将急性子种子按行株距30cm×10cm，点播在整好的畦面上，浇水保墒，以利出苗。每穴放种子3～5粒。每亩播种量2kg。

三、田间管理

（一）松土除草

急性子齐苗后，或移栽成活后，应注意中耕除草，保持田面干净无杂草。

（二）浇水追肥

干旱天气经常浇水，阴雨天气及时排水。开花结籽初期亩追三元复合肥20~30kg。

（三）病虫害防治

病害主要为白粉病，可于发病初期用粉锈宁防治。

虫害主要是蚜虫，可与蚜虫发生初期喷施吡虫啉或啶虫脒全田封闭防治。

四、采收加工

急性子一般于7—9月果实由青变黄后采收。因其成熟不一致，可分批采摘。也可当大部分果实成熟后，将全株割下，脱粒晒干后即可入药出售。亩产量150kg。株植晒干后称透骨草，亩产量150kg。

第三节　火麻仁

一、概述

火麻仁，中药名，是桑科大麻属大麻的干燥成熟种子，别名：大麻仁、火麻、线麻子。火麻仁味甘，性平。归脾、胃、大肠经。功效润肠通便。用于血虚津亏，肠燥便秘。

大麻是1年生草本植物，株高1~3m。茎粗壮直立，有纵沟，密生短柔毛，掌状复叶互生或下部对生。夏季开花，排列成长而疏散的圆锥花序，顶生或腋生。花单性，雌雄异株。雄花呈疏生的圆锥花序，黄绿色，花被5片，长卵形，覆瓦状排列，雄蕊5个，花丝细长；雌花丛生于叶腋，绿色。瘦果扁卵圆形，灰褐色，有细网状纹，为宿存的黄褐色苞片包裹。花期7—8月，果期8—9月。

大麻喜温暖湿润气候，幼苗期能耐-5~-3℃霜冻，生长适宜温度为19~23℃。对土壤要求不严，以土层深厚、疏松肥沃、排水良好的砂质壤土或黏质壤土栽培为宜。全国各地均有栽培。主产黑龙江、内蒙古、辽宁、吉林、四川、甘肃、云南、江苏、浙江等省区。大麻广泛野生于内蒙古东部地区的山坡、沙丘边缘，田埂、路旁和林下。

二、栽培技术

（一）选地整地

火麻仁具有喜光、耐大气干旱但不耐土壤干旱、不耐涝的特性。通常选用土壤储水保肥性好，土质疏松肥沃的土壤，不能选用连作地。在秋季进行深耕，同时，撒上充足的基肥，一般每亩至少需要2 000kg左右，撒入基肥后，再次翻整土地，然后将地面耙平，做好畦地，准备播种。

（二）繁殖方式

火麻仁是以种子繁殖。

1. 播种时间

播种时间北方一般在5月中下旬。

2. 播种方式

播种的方式有3种，即撒播、条播和点播。最好的播种方式是条播，一般行距80～100cm，株距为40cm左右，均匀的进行播种，然后覆土后镇压即可。亩用种量0.5～1kg，一般播种后7～10天即可出苗。

三、田间管理

（一）间苗补苗

田间管理是火麻仁种植的关键。一般在出苗后半个月左右，这时我们就需要开始进行间苗和补苗了。将生长过密或者是弱苗拔除，然后等到幼苗生长到80cm左右的时候定苗。在间苗、补苗、定苗的过程中，要不断的结合中耕进行除草，促进火麻仁的健康生长。

（二）浇水施肥

一般要等到出苗后1个半月左右才能进行，并且结合浇水施入少量氮肥。火麻仁开花的时候，我们需要再追施硫酸铵和磷酸钙各20～25kg。

四、采收

大麻种子成熟即可适时收获，去掉杂质晒干，大麻种子搓掉外皮即为火麻仁。

第四节 枸 杞

一、概述

枸杞，中药名，是茄科枸杞属灌木枸杞的果实，味甘，性平。归肝、肾、肺经。功效养肝滋肾，润肺，益精明目。主治肝肾亏虚，头晕目眩，目昏不明，腰膝酸软，阳痿遗精，虚劳咳嗽，消渴引饮。枸杞是中药的养生保健品种。

枸杞是蔓生灌木，株高达1m左右，多分枝，枝条细长，幼枝有棱角，外皮灰色无毛，通常具短棘，生于叶腋。叶互生或数片丛生，叶片卵状菱形至卵状披针形，长2～6cm，宽0.6～2.5cm，先端尖或钝，基部狭楔形全缘，两面均无毛。花腋生，通常单生或数花簇生。花萼钟状，花冠漏斗状，管之下部明显细缩，然后向上逐渐扩大，长约5mm，先端5裂，裂片长卵形，与管部几等长，紫色，边缘具疏纤毛，管内雄蕊着生处稍上方具柔毛一轮；雄蕊5个，着生花冠内，花丝通常伸出；雌蕊1个，子房长圆形，花柱细，柱头头状。浆果卵形或长圆形，长0.5～2cm，直径4～8mm，深红色或橘红色。种子多数，肾形而扁，棕黄色。花期6—10月。果期7—11月。

枸杞适应性强，主产区宁夏回族自治区中宁县，年平均气温9.2℃，耐寒，1月平均气温-7.1℃，7月平均气温23.2℃，耐寒，在零下25.6℃越冬无冻害。

二、栽培技术

（一）选地整地

枸杞喜光照，对土壤要求不严格，耐盐碱、耐肥、耐旱、怕水渍。以肥沃、排水良好的中性或微酸性轻壤土栽培为宜，盐碱土的含盐量不能超过0.2%，在强碱性、黏壤土、水稻田、沼泽地区不宜栽培。深翻30~35cm，整平耙细，浇足底墒水待播。

（二）繁殖方式

种子繁殖和扦插繁殖。

1. 种子繁殖

（1）选择品种和采收种子。宁夏枸杞经长年人工栽培及自然选择，根据枝型特点可分硬条型、软条型、半软条型3个类型；根据果实形状、大小和颜色，可分长果类和圆果类；根据形态和性状可分12个品种：即白条枸杞、卷叶枸杞、棒槌果枸起、尖头黄叶枸杞、圆头黄叶枸杞、尖头圆果枸杞、麻叶枸杞、黄果枸杞、小黄果枸杞、大麻叶枸杞、圆果枸杞和针头果枸杞。其中，大麻叶枸杞和麻叶枸杞两个品种量为优良。可选用优良品种，以采果大、色鲜艳、无病虫斑的成熟果实，夏季采摘后，用30~60℃温水浸泡，搓揉种子，洗净，晾干备用。

（2）种子处理。在播种前用种子和湿沙1:3拌匀，置20℃室温下催芽，待有30%种子露白时或用清水浸泡种子一昼夜，再行播种。

（3）播种。春、夏、秋季均可播种，以春播为主。春播3月下旬至4月上旬，按行距40cm开沟条播，深1.5~3cm，覆土1~3cm。幼苗出土后，要根据土壤墒情，注意灌水。苗高1.5~3cm，松土除草1次，以后每隔20~30天松土除草1次。苗高6~9cm，时定苗，株距12~15cm，每公顷留苗15万~18万株。结合灌水在5月、6月、7月追肥各3次，为保证苗木生长，应及时去除幼株离地40cm部位生长的侧芽。苗高60cm时应行摘心，以加速主干和上部侧枝生长，当根粗0.7cm时，可出圃移栽。

2. 扦插繁殖

在优良母株上，采粗0.3cm以上的已木质化的一年生枝条，剪成18～20cm长的插穗，扎成小捆竖在盆中用$100 \times 10^{-6}\alpha$-萘乙酸浸泡2～3小时，然后扦插，按株距6～10cm斜插在沟内，真土踏实。

三、田间管理

（一）中耕除草

在5月、6月、7月各中耕除草1次。

（二）施肥

10月下旬至11月上旬施羊粪、厩肥、饼肥等做基肥，追肥可于5月亩施尿素10～15kg，促植株生长；6—7月亩施磷、钾复合肥20～25kg。

（三）幼树整形

枸杞栽后当年秋季在主干上部的四周选3～5个生长粗壮的枝条作主枝，并于20cm左右处短截，第二年春在此枝上发出新枝时于20～25cm处短截作为骨干枝。第三、第四年仿照第二年办法继续利用骨干枝上的徒长枝扩大，加高充实树冠骨架。经过5～6年整形培养进入成年树阶段。

（四）成年树修剪

每年春季剪枯枝、交叉枝和根部萌蘖枝，夏季去密留疏，剪去徒长枝、病虫枝及针刺枝。秋季全面修剪，整理树冠，选取留良好的结果枝。

（五）病虫害防治

1. 病害

（1）枸杞黑果病。枸杞黑果病为害花蕾、花和青果。可在结果期用1：1：100波尔多液喷射；雨后立即喷50%退菌特可温性粉剂600倍液，效果较好。

（2）根腐病。可用50%托布津1 000～1 500倍液或50%液或50%多菌灵1 000～1 500倍液浇注根部。

2. 虫害

（1）枸杞实蝇。防治可在越冬成虫羽化时，在杞园地面撒50%西维因粉每亩3kg，摘除蛆果深埋。秋冬季灌水或翻土杀死土内越冬蛹。

（2）枸杞负泥虫。可在春季灌溉松土，破坏越冬虫卵，消灭虫源，4月中旬于杞园地面撒5%西维因粉（1kg对细土5～7kg），杀死越冬成虫，敌百虫800～1 000倍液防治。

（3）枸杞蚜虫。与蚜虫发生初期，用吡虫啉或啶虫脒全田封闭。

（4）枸杞瘿螨。防治方法：一是清除田间杂草，剪除过密枝条，加强田间通风透光；二是消灭越冬虫源，秋季枸杞落叶后，清除田间杂草和残枝落叶，集中烧毁。用石硫合剂大剂量喷洒枸杞全株；春季枸杞萌芽前再用石硫合剂喷洒枸杞全株和地面。

四、采收

枸杞果实成熟后，陆续采摘，采摘的枸杞鲜果要立即放在阳光下晾晒或烘干。

第五节　牛蒡子

一、概述

牛蒡子，中药名，是菊科牛蒡属两年生草本植物牛蒡的干燥成熟种子，别名：大力子、鼠粘子、恶实。牛蒡子味辛、苦，性寒。归肺、胃经。功效疏散风热，宣肺透疹，解毒利咽。用于风热感冒，咳嗽痰多，麻疹，风疹，咽喉肿痛，痄腮丹毒，痈肿疮毒。

牛蒡株高1~2m。根粗壮，肉质，圆锥形。茎直立，上部多分枝，带紫褐色，有纵条棱。基生叶大形，丛生，有长柄。茎生叶互生，叶片长卵形或广卵形。头状花序簇生于茎顶或排列成伞房状，花小，红紫色，均为管状花，两性，花冠先端5浅裂。瘦果呈长倒卵形，灰褐色，具纵棱淡黄棕色。花期6—8月，果期8—10月。多生于山野路旁、沟边、荒地、山坡向阳草地、林边和村镇附近。全国各地都有栽培。

二、栽培技术

（一）选土整地

选土质疏松、肥沃的沙质壤土栽种。深翻25cm，耙细整平，然后按行距1m、株距1m播种，播深4~6cm。每亩用肥灰200kg、优质农家肥200kg做基肥。

（二）繁殖方式

牛蒡子是以种子繁殖。

在初秋6—8月播种。种子应选充实饱满的，每亩需种子

0.5kg。每穴下种4～5粒，播种10天左右发芽，待幼苗长出3～4片叶子时，可进行间苗，每穴留1株最健壮的小苗。

三、田间管理

（一）松土施肥

出苗后需松土1次，并进行追肥，每亩用大粪150kg加水150kg，距种植穴3cm远施下，再盖土。

（二）除草

夏、秋间需注意除草1～2次，第二年春初，以莞心抽出独茎，茎上分枝多，于4—5月苗高35cm时进行1～2次中耕除草。

冬季用牛粪覆盖过冬。5—6月开花，花期约半月，花落结果，果实在大暑边黄熟。

四、收获加工

农历8—9月剪下成熟果枝，摊放地上沤3～5天，晒干后，打落种子，除去杂质即得。加工时防止刺毛飞入眼内，并注意防护。

第六节　水飞蓟

一、概述

水飞蓟是菊科水飞蓟属一年生或两年生草本植物，别名：奶蓟草、老鼠筋、水飞雉、奶蓟。茎直立，株高30～200cm，多分枝，光滑或被蛛丝状毛，有纵棱槽。叶互生，基部叶常平铺地面，成莲座状，长椭圆状披针形，深或浅羽状分裂，缘齿有尖刺，长40~80cm，宽10~30cm，表面亮绿色，有乳白色斑纹，基部抱茎；中部、上部叶片渐小，上部叶披针形。头状花序直径3~6cm，单生枝顶，总苞宽球形，总苞片革质，顶端有长刺；管状花紫红色、淡红色或少有白色。瘦果长椭圆形，暗褐色或黑色。有纵条纹及白色斑纹；冠毛多数，白色，不等长，基部合生成环。花期5—6月，果期6—7月。

水飞蓟以种子和全草入药，味苦，性凉。归肝、胆经。功效清热解毒，保肝、利胆，保脑，抗X射线。对急性或慢性肝炎、肝硬化、脂肪肝、代谢中毒性肝损伤、胆石症、胆管炎及肝胆管周围炎等肝、胆炎病均有良好疗效，可使肝脏病患者自觉症状和某些生化指数如血清胆红素、白皖及球皖系数、凝血酶源、谷丙转氨酶等迅速改善。

水飞蓟喜温暖和阳光充足的环境，性耐寒、耐旱、也能耐高温，可在夏秋39℃的地方生长正常。种子萌发力较强，能落地自生，种子发芽适温为18~25℃，发芽率高达95%以上。幼苗耐寒力也较强，遇0℃左右的低温不致死亡。对土壤要求不严，以土质疏松、肥沃、排水良好的沙质壤土为好，怕涝，土质黏重，低洼积水，盐碱重的地方不宜种植。

二、栽培技术

（一）选地整地

水飞蓟对土壤要求不严，在荒原、荒滩地、盐碱地、山地均能正常生长。因不易管理，人工较难收获，最好选择在地头、地边、林边、沟边、路边种植，既便于收获，又是做天然屏障最好的作物。宜选开荒地、废弃地、土壤肥力较差的地块种植。水飞蓟生长繁茂，瘠薄地块，整地时亩施有机肥4 000kg，磷酸二铵15kg，尿素8kg撒散均匀，翻拌于20～30cm深的土层中。要求土壤细碎，以利出苗。在地边、沟边种植，垄距60～70cm，大面积种植垄距65～70cm。

（二）繁殖方式

水飞蓟是以种子繁殖。

播种：一是人工垄上刨坑：掩坑20～30cm，深度约8～10cm，每穴施磷酸二铵3g，覆土4cm，然后每掩播种3～4粒，再覆土3～4cm。如果天气干旱，可以坐水播种，一般亩播量0.5kg左右。二是机械播种：用大豆精量点播机进行垄上直接播种。施肥箱播肥量控制在每亩施磷酸二铵15kg以内，亩用种0.5kg。大田亩保苗2 000～5 000株。

三、田间管理

（一）中耕除草

根据苗情长势和草情适时进行铲耥和除草，并进行深松作业，在一般情况下铲耥1次就可以了，条件允许要抓紧时间进行2次铲耥，否则，由于发苗迅速，不等进行第二次铲耥，植株封垄，铲耥无法进行，在这种情况下草荒的可能性也就非常小了。

（二）间苗和定苗

在苗高6～10cm时，结合除草要进行间苗和定苗，每穴只留1株，发现有空穴、缺苗时要及时补栽，确保全苗。

（三）追肥、灌水

定苗后追施尿素150kg/hm^2、过磷酸钙300kg/hm^2。基生叶生长至抽花茎时喷施2g/kg磷酸二氢钾或叶绿精800倍液，每7～10天喷1次，连喷2～3次。植株开始孕蕾时，如遇干旱天气要及时灌水；植株进入开花结实后期，如遇干旱也应灌水，雨季则注意排水。

（四）摘除主蕾

当水飞蓟长到70～80cm时，开始出现主蕾，可用人工或机械去掉主蕾，其目的是促使枝蕾迅速生长，成熟期集中，缩短收获期，可增产10%～20%。

（五）病虫害防治

1.病害

（1）软腐病。主要发生在叶片、叶柄、茎部、花蕾和果实上也有发生。防治方法：1%福尔马林浸种；发病期喷洒代森锌600倍液或代森铵1 000倍液。

（2）根腐病。在高温高湿条件下易发生，主要表现根部腐烂，严重时植株猝倒而死亡，造成严重减产或绝产。防治方法：选择岗地、排水良好的地块种植水飞蓟。阴雨连绵时及时排除田间积水，发现病株及时拔除并烧毁，防止病害蔓延。也可以在播种时用福美双等杀菌剂拌种。

（3）白绢病。发生在茎基部，病部呈褐色，长有白色绢丝状菌丝体，导致茎叶腐烂，茎叶凋萎。可使用石灰硫磷合剂灌根，或代森铵1 000倍液喷雾防治，或代森锌600倍液或50mg/L的农用链霉素喷洒。

2.虫害防治

水飞蓟害虫主要有蚜虫、菜青虫。蚜虫可用吡虫啉或啶虫脒喷雾防治；菜青虫可用10%杀灭菊酯2 000～3 000倍液喷雾防治。

四、采收

春季采收叶，夏季采收种子。水飞蓟自5月初至7月初陆续开花，1个头状花序从开花至果熟需25～30天，当苞片枯黄向内卷曲成筒、顶部冠毛微张开时，标志种子已经成熟，应及时采收。用剪刀将果序剪下。

第七节　沙苑子

一、概述

沙苑子是豆科黄芪属多年生草本植物扁茎黄芪的干燥成熟种子，别名：白蒺藜、沙苑蒺藜子、潼蒺藜、沙蒺藜。沙苑子味甘，性温。归肝、肾经。功效温补肝肾，固精缩尿，明目。用于肾虚腰痛，遗精早泄，白浊带下，小便余沥，眩晕目昏。

沙苑子即扁茎黄芪或蔓黄芪的干燥种子呈肾脏形而稍扁，长约2mm，宽约1.5mm，厚不足1mm。表面灰褐色或绿褐色，光滑。一边微向内凹陷。在凹入处有明显的种脐。质坚硬不易破碎。子叶2枚淡黄色，略为椭圆形，胚根弯曲。无臭，味淡，嚼之有豆腥气。以饱满、均匀者为佳。

生于山野、沙地和路旁。分布辽宁、吉林、河北、陕西、甘肃、山西、内蒙古等省区。

二、栽培技术

（一）选地整地

选择地势高燥，排水良好的地边、田埂、坡头山地沙质壤土、壤土、黏壤土均可。深翻20~25cm，整细耙平，亩施农家肥1 000~1 500kg，三元复合肥30~40kg。

（二）繁殖方式

沙苑子用种子繁殖，播种分春、秋二季，春播5月，秋播7—8月。在整好的地里进行条播，行距33cm，顺畦划小沟约1.6cm，把种子均匀撒入沟内，覆土1cm，播后浇水。也可采取灌水后再播种。把种子播下后上面覆浅土，或在雨前、雨后播种均可。每亩播种量1~1.5kg，温度在15℃左右，2周即能出苗。

沙苑子还可和小麦、玉米、葵花套种，方法是：小麦播种时每隔165cm留出23cm空地，第二年3—4月套种沙苑子，小麦收后再种玉米。玉米收后把秆处理掉有利于沙苑子生长。

三、田间管理

出苗前适当浇水，以利出苗。出苗后不宜多浇水，避免徒长。当苗高8cm左右时，按株距10~13cm定苗，留壮苗2~3株，立刻扶苗培土。雨季注意排水。生长期和孕蕾期，结合松土除草追施人粪尿或氮肥2次，以后每年返青时每亩施厩肥3 000~4 000kg，粪和土混合，盖于地面上，促进植株返青生长。过于寒冷的地方，上冻前浇冻水，每年收获后都要中耕除草，追肥过冬。

沙苑子主要病害为白粉病，由真菌感染，为害叶子，反正面有白色粉状物，末期变小黑点。防治方法：清理田园，烧毁病株，发病初期用50%甲基托布津800~1 000倍液或65%代森锌400倍液喷雾，每7天1次，连续2~3次。

沙苑子主要虫害为金针虫，6—8月发生，为害根部，撒施硫酸锌防治。

四、采收加工

沙苑子第一年、第三年、第四年产仔量低，第二年产仔量高，霜降前荚果外皮80%由绿变黄褪色时，离地面6.7cm处将植株全部割下，晒干脱粒，除净杂质即可。

第八节　决明子

一、概述

决明子，中药名，是豆科决明属一年生草本植物决明或小决明的干燥成熟种子，别名：草决明。决明子味甘、苦、咸，性微寒。归肝、大肠经。功效清热明目，润肠通便。用于目赤涩痛，畏光多泪，头痛眩晕，目暗不明，大便秘结。

草决明是1年生半灌木状草本植物，株高0.5~2m。上部分枝多。叶互生，羽状复叶，小叶3对，叶片倒卵形或倒卵状长圆形，长2~6cm，宽1.5~3.5cm，先端圆形。花成对腋生，最上部的聚生；总花梗极短，小花梗长1~2cm；萼片5片，倒卵形；花冠黄色，花瓣5个，倒卵形，基部有爪；雄蕊10个，花柱弯曲。荚果细长，近四棱形，长15~20cm，宽3~4mm，果柄长2~4cm。种子多数，菱柱形或菱形略扁，淡褐色，光亮，两侧各有1条线形斜凹纹。花期6—8月，果期8—10月。喜高温湿润气候，需阳光充足，以盛夏高温多雨季节生长最快。适宜的土壤为疏松肥沃的沙壤土，低洼、阴坡地不宜栽种，忌连作。

二、栽培技术

（一）选地整地

宜选排灌条件较好的平地或向阳坡地，忌连作，每亩施农家肥2 000kg，配加三元复合肥25kg或过磷酸钙60kg作基肥。深翻25cm，整细耙平，浇足底墒水后待播。

（二）繁殖方式

决明子是用种子繁殖。

1. 播种时间

内蒙古地区于4月上旬覆膜播种。

2. 种子处理

选籽粒饱满、无虫蛀的种子，用50℃温水加入新高脂膜浸泡24小时，捞出稍晾干后。

3. 播种方式

按行距55～60cm开沟条播，沟深5～7cm。播种后覆土3cm，稍加镇压，浇水后覆膜。10～15天就可出苗。每亩用种2kg。

三、田间管理

（一）留苗

出苗后，及时引苗出膜，按株距30～40cm留苗。

（二）中耕除草

出苗后至封行前，应经常除草，浇水，雨后土壤板结要及时中耕。

（三）追肥

封行前，结合培土追肥1~2次，每亩施农家肥1 000kg，配加15kg尿素，施后立即浇水。立秋后叶面喷施磷酸二氢钾2~3次，促早熟。

（四）浇水

整个生长期都应经常保持土壤湿润，尤其是花期天旱应及时浇水。雨季注意排水。

（五）病虫防治

根据植保措施喷洒药剂杀灭病虫害。

四、采收

草决明荚果变黄，种子成熟时采收。割掉植株晒干后脱粒。扬净或用簸箕簸净杂质即可。

第九节　菟丝子

一、概述

菟丝子是旋花科菟丝子属1年生寄生缠绕草本植物，别名：豆寄生、无根草、黄丝、黄丝藤、无娘藤、金黄丝子。以干燥成熟种子入药，味甘，性温。归肝、肾、脾经。功效滋补肝肾，固精缩尿，安胎，明目止泻。用于阳痿遗精，尿有余沥，遗尿尿频，腰膝酸软，目昏耳鸣，肾虚胎漏，胎动不安，脾肾虚泻；外治白癜风。

菟丝子茎纤细缠绕，黄色，多分枝，随处可生出寄生根，伸入寄主体内。叶鳞片状稀少，三角状卵形。花两性，多数和簇生成小伞形或小团伞花序；苞片小，鳞片状；花梗稍粗壮，花冠白色壶形，5浅裂，裂片三角状卵形，先端锐尖或钝，向外反折，雄蕊5个，着生于花冠裂片弯缺微下处，花丝短，花药露于花冠裂片之外；雌蕊2个，心皮合生，子房近球形，2室，花柱2个，柱头头状。蒴果近球形，稍扁，几乎被宿存的花冠所包围，成熟时整齐地周裂。种子2~4颗，黄或黄褐色卵形，长1.4~1.6mm，表面粗糙。花期7—9月，果期8—10月。

生于田边、路旁荒地、灌木丛中、山坡向阳处。寄生植物多为豆类、蓼科、菊科蒿属、马鞭草科牡荆属等的草本或小灌木上。

二、栽培技术

（一）选地整地

菟丝子喜高温湿润环境。适应性较强，常寄生于豆科、菊科、蓼科等植物体内。生育期100天左右。人工栽培常与豆科、牛膝等植物混种。选地势高，排水好的田块精耕细作。结合整地，施足基肥，每亩施土杂肥3 000kg，尿素15kg，磷钾肥50kg。并作成高畦，等待播种。

（二）繁殖方式

菟丝子用种子繁殖。播种期有春播和秋播。播时先将大豆种子均匀地撒入土壤中，每亩播种量7kg。待大豆出苗80%时，再将菟丝子种子播入大豆田中。每亩播种量1.5kg。

三、田间管理

（一）中耕除草

大豆齐苗后应注意中耕除草。干旱天气经常浇水、阴雨天气及时排水。菟丝子齐苗后就不用除草了。

（二）施肥

7—8月追肥1次：每亩追施尿素5kg，磷酸二氢钾5kg。

（三）病虫害防治

主要防治大豆常见的病虫害。叶斑病用多菌灵防治，黄枯病用黄腐酸防治，豆菜螟用速灭杀丁防治。

四、采收加工

秋分前后，有1/3的豆棵枯萎时，菟丝子果壳变黄后，可连同豆棵一起割下。晒干脱粒后，筛出菟丝子种子去净杂质即可入药出售。

第十节 薏 苡

一、概述

薏苡的中药名为薏苡仁，是禾本科薏苡属1年生草本植物薏苡干燥成熟的种仁。薏苡仁味甘、性凉，无毒，是我国传统的药食两用的保健食品。薏苡仁具有利水消肿、健脾祛湿、清热排脓、抗炎镇痛、增强免疫力等功效。薏仁多糖含量丰富，其中，多糖中的A、B、C糖具有降血糖的作用。薏仁在我国各地都有种植，南方各省有野生薏仁分布。贵州省薏仁资源比较丰富，是我国重要的薏仁生区之一。

薏苡须根较粗，直径可达3mm。茎秆直立，高1~1.5m，约具10节。叶片线状披针形，长达30cm，宽1.5~3cm，边缘粗糙，中脉粗厚，叶舌质硬，长约1mm。总状花序腋生成束；雌小穗位于花序之下部，外面包以骨质念珠状的总苞，总苞约与小穗等长；雄蕊3个，退化；雌蕊具长花柱；不育小穗退化成长圆筒状的颖。雄小穗常2~3枚生于1节；无柄雄小穗第一颖扁平，两侧内折成脊而具不等宽之翼，先端钝，具多数脉；第二颖舟形，也具多脉；外稃与内稃皆为薄膜质；有柄雄小穗与无柄者相似，但较小或有更退化者。颖果外包坚硬的总苞，卵形或卵状球形。花期7—9月。果期9—10月。

野生薏苡多生于屋旁、荒野、河边、溪涧或阴湿山谷中。

二、栽培技术

（一）选地整地

薏苡喜温暖湿润气候，怕干旱、耐肥。各类土壤均可种植，对盐碱地、沼泽地的盐害和潮湿的耐受性较强，但以向阳、肥沃的土壤或黏壤上栽培为宜。忌连作，也不宜与禾本科作物轮作。近年来在潮湿的水稻上上栽培，特别在抽穗扬花期给以浅水层，可显着增产。要求深翻20~25cm，亩施优质农家肥2 000~3 000kg，三元复合肥50kg，将粪肥撒施均匀后整细耙平，浇足底墒水后待播。

（二）繁殖方式

薏苡是用种子繁殖。

1. 种子处理

为预防黑穗病，播前将种子用60℃温水浸种10～20分钟后捞出，再将种子包好，置于5%生石灰水中浸1～2天，注意不要损坏水面上的薄膜。取出以清水漂洗后播种；或用1∶1∶100的波尔多液浸种24～72小时。

2. 播种

于3—4月（内蒙古地区4月初播种后覆膜），穴播或条播，按行株距27～30cm见方，穴深5～7cm，每穴播种子5～6颗，覆土2～3cm，播后镇压。每亩种5～6kg；条播按行距40～50cm，株距20cm播种，亩用种量5kg。

三、田间管理

（一）间苗、中耕除草

幼苗3～4片真叶时间苗，每穴留苗4～5株。中耕除草一般3次。

（二）施肥

薏苡是需肥量较大，耐肥性较强的作物，生长前期看重施氮肥提苗，后期应多施磷肥钾肥，促进壮秆孕穗。

（三）浇水

田间水分管理以湿、干相间的原则，即采用湿润育苗，干旱拔节，有水孕穗，湿润灌浆，干田收获。

（四）辅助授粉

薏苡是异株花粉授精，辅助授粉是在盛花期以绳索等工具在10∶00—12∶00振动植株，使花粉飞扬，可提高结实率。

（五）病虫害防治

1. 病害

（1）黑穗病。注意选种和种子处理，发现病株应立即拔除烧毁。

（2）叶枯病。主要为害叶片，多在雨季发病。防治方法：用50%多菌灵1 000倍液防治，或用大生1 000倍喷雾防治，也可以用普力克1 000～1 500倍液喷雾防治，每隔7天喷1次，连喷2～3次。

2. 虫害

主要是玉米螟、黏虫为害，用杀螟松或高效氯氰菊酯1 500倍液喷雾防治即可。

四、采收加工

薏苡种子成熟后采收，割掉茎秆晾干后脱粒。将干燥的薏苡种子用碾米机脱掉外皮后，即可收获薏苡仁。

第十一节　牵牛子

一、概述

牵牛子是旋花科牵牛子属1年生蔓生缠绕草本植物，别名：黑丑、白丑、二丑、喇叭花、姜姜籽。蔓生茎细长，茎蔓长约3～4m，全株多密被短刚毛。叶片心脏形，或3裂至中部，中间裂片卵圆形，先端短渐尖，两侧裂片斜卵形，全缘，两面均被毛；互生，全缘或具叶裂。聚伞花序腋生，1朵至数朵。花冠喇叭样。花色鲜艳美丽，朝开午谢。蒴果球形，成熟后胞背开裂，种子粒大，黑色或黄白色，寿命很长。花期6—10月。以种子入药，味苦，性寒，有毒。归肺、肾、大肠经。功效泄水通便，消痰涤饮，杀虫攻积。用于水肿胀满，二便不通，痰饮积聚，气逆喘咳，虫积腹痛，蛔虫、绦虫病。

牵牛子多生于山野、田野，或墙脚下、路旁也有栽培。全国各地均有分布。有圆叶牵牛、紫花牵牛之分。

二、栽培技术

（一）整地选地

牵牛适应性较强，对气候土壤要求不严，但以温和的气候和中等肥沃的沙质壤土为宜。过于低湿或干燥瘦瘠之地，生长均不良。播前要求深翻20~25cm，整细耙平。

（二）繁殖方式

牵牛子是以种子繁殖。于4—5月播种。播种前翻土作畦（如利用篱边、墙边、田埂等地种植，则不需做畦），畦宽约1.3m，按株距23~33cm、行距30~50cm开穴，每穴播种子4~5粒。播后覆细土一层，以种子不露出为宜。种子发芽后，幼苗生长真叶2~3片时，便须间苗、补苗，也可进行移植。以每穴保留2~3株即可。大田通常与玉米、高粱等高秆作物间作。

三、田间管理

（一）除草

在藤蔓尚短时，可以进行松土除草1~2次。至藤蔓较长时，须设立支柱，或间种玉米、高粱等作物使其攀援其上，以代支柱。

（二）施肥

在前期施以人粪尿、硫酸铵等氮肥为宜，后期多施草木灰、骨粉等磷钾肥为宜。

四、采收加工

8—10月果实成熟、果壳尚未裂开时采收。采集过早，种子太嫩，干后瘪缩，损耗大，采集过迟则果壳裂开，种子散落，造成损失。

第四章　全草类药材

第一节　瞿　麦

一、概述

瞿麦，中药名，是石竹科石竹属多年生草本植物瞿麦的干燥地上全草，别名：石竹子花、十样景花、洛阳花。味苦，性寒；归心、小肠经；功效利尿通淋，破血通经。用于热淋，血淋，石淋，小便不通，淋沥涩痛，月经闭止。

瞿麦株高可达1m。茎直立丛生，无毛，上部2歧分枝，茎节明显。叶互生，线形或线状披针形，长1.5～9cm，宽1～4mm，先端渐尖，基部成短鞘状包茎，全缘，两面均无毛。花单生或数朵集成稀疏塔式分枝的圆锥花序；花梗长达4cm；小苞片4～6片，排成2～3轮；花萼圆筒形，长达4cm，先端5裂，裂片披针形，边缘膜质，有细毛；花瓣5瓣，淡红色、白色或淡紫红色，先端深裂成细线条，基部有须毛；雄蕊10个；子房上位，1室，花柱2个，细长。蒴果长圆形，包在宿存的萼内。花期6—9月。果期8—11月。野生于山坡、山顶或林下。全国大部分地区都有分布。

二、栽培技术

（一）整地选地

瞿麦多生于山坡、草地、路旁以及林下，对土壤要求不严格，一般地块皆可种植，但以排水良好、肥沃疏松的沙壤土为宜。在选好种植地后，结合翻耕，每亩施入腐熟的农家肥1 500～2 000kg、过磷酸钙15～20kg、草木灰50kg作为基肥，将其耙细整平浇足底墒水后待播。

（二）繁殖方式

瞿麦以种子繁殖和分株繁殖为主。

1. 种子繁殖

采用直播方法，瞿麦播种，可春播、夏播和秋播均可。春播一般在清明前后；夏播多在5—7月；秋播一般在7—8月。条播、穴播均可，条播要在畦面按30cm行距开沟，将种子均匀撒入沟内，覆土浇水即可，一般每亩用种0.5kg；穴播在畦面按30cm×20cm开穴，每穴放一定数量的种子即可。

2. 分株繁殖

在清明前后进行，在雨季将植株的块根挖出，分出3～4株分别移栽，在畦面上按穴播的株行距挖穴，每穴栽1株，覆土、压实、浇水即可。

三、田间管理

（一）间苗、定苗、除草

如果采用条播的方法，在幼苗生长到5cm时要及时进行间苗，而如果是穴播的方法，则每穴留壮苗5～7株即可。在定苗后要及时中耕除草，确保田间无杂草，促进幼苗根系生长。

（二）施肥

在瞿麦生长期，每年一般要进行3次追肥，每次每亩追施人粪尿1 000kg或尿素15～20kg，促使植株快速生长发育。

（三）浇水

瞿麦栽培要注意土壤水分的控制，水分过多过少都不利于瞿麦生长，干旱时要经常浇水，保持土壤湿润，雨后要及时排水，以免烂根。

（四）病虫害防治

1. 病害

（1）根腐病。根腐病主要为害根系，造成根系腐烂，植株枯死，发现病株后要及时拔除烧毁，并对病穴和周围撒施石灰粉消毒灭菌。

（2）黑粉病。主要为害花序和果实，导致花序和果实生长畸形，在播种时可用热水烫种，消灭表面的病菌。

2. 虫害

瞿麦虫害主要有菜青虫和黏虫，防治方法：在幼虫3龄期前，用杀螟松乳油1 500倍液喷雾防治，也可用高效氯氰菊酯1 000～1 500倍液防治。

四、采收加工

春播的当年收割两次，生长2年后，每年收割3次，半籽半花时为收割近期，割取全草晒干。收割应选晴天进行，第一次在盛花期采收，采收时应在离地面3cm处割下，以利植株重新发芽生长，越冬前收割时可将其齐地面割下。收割后，应将其立即晒干或阴干，除去杂质，打捆包装贮存。

第二节　益母草

一、概述

益母草，中药名，是唇形科益母草属两年生草本植物，别名：益母蒿、益母艾、红花艾、坤草、茺蔚、三角胡麻、四楞子棵。以全草和种子入药，全草为益母草，种子为茺蔚子。益母草味苦、辛，性微寒。归肝、心包经。功效活血调经，利尿消肿。用于月经不调，痛经，经闭，恶露不尽，水肿尿少；急性肾炎水肿。

益母草有密生须根的主根。茎直立，通常株高30~120cm，钝四棱形，微具槽，有倒向糙伏毛，多分枝。叶轮廓变化很大，茎下部叶轮廓为卵形，基部宽楔形，掌状3裂，叶脉稍下陷，下面淡绿色，被疏柔毛及腺点，叶脉突出，叶柄纤细，长2~3cm，茎中部叶轮廓为菱形，较小，通常分裂成3个或偶有多个长圆状线形的裂片，基部狭楔形，叶柄长0.5~2cm。花冠粉红至淡紫红色，长1~1.2cm，外面于伸出萼筒部分被柔毛。小坚果长圆状三棱形，长2.5mm，顶端截平而略宽大，基部楔形，淡褐色，光滑。花期通常在6—9月，果期9—10月。

益母草喜温暖湿润气候，喜阳光，对土壤要求不严，一般土壤和荒山坡地均可种植，以较肥沃的土壤为佳，需要充足水分条件，但不宜积水，怕涝。生长于野荒地、路旁、田埂、山坡草地、河边，以向阳处为多。全国各地都有分布。主要分布在内蒙古、河北省北部、山西省、陕西省西北部、甘肃省等地。

二、栽培技术

（一）选地整地

益母草喜温暖湿润气候，海拔在1 000m以下的地区均可栽培，对土壤要求不严，但以向阳，肥沃、排水良好的沙质壤土栽培为宜。播前要求深翻20～25cm，亩施农家肥1 000kg，三元复合肥30～40kg。整平耙细浇足底墒水后待播。

（二）繁殖方式

益母草是用种子繁殖。播种期因品种习性不同而异，冬性益母草，必须秋播种才可开花结果。播种按行距25cm，穴距20cm，深3～5cm，开浅穴播种。亩用种1kg；以采收种子为主的，按行距50cm，株距30cm踩播（踩格子），亩用种0.5kg。

三、田间管理

（一）春播间苗、定苗、除草

苗高7cm时间苗2～3次，至苗高17cm左右定苗，每穴留壮2～3株，每亩保苗3万株。随时松土除草，保持田面干净无杂草。

（二）秋播除草

秋播的中耕除草3～4次，第二年视杂草及植株生长情况进行除草2～3次。春播者进行2～3次。

（三）追肥

中耕宜浅。播种前除施基肥外，在生长期可结合中耕除草进行追肥，以人畜粪尿、尿素等氮肥为主。

（四）病虫害防治

1. 病害

（1）白粉病。在发病前后用25%三唑酮1 000倍液防治。

（2）菌核病。可喷1∶500的瑞枯霉；或喷1∶1∶300倍波尔多液；或喷40%菌核利500倍液等防治。

（3）花叶病。用50%的多菌灵1 000倍液喷雾防治，每隔7天喷1次，连喷2～3次。

2. 虫害

（1）蚜虫。春、秋季发生，用吡虫啉或啶虫脒或高效氯氰菊酯防治。

（2）小地老虎。于早晨捕杀，或堆草诱杀，或用糖醋液诱杀。

四、采收

益母草生长盛期全草花开2/3时采收（根据益母草总生物碱日积累的"S"形变化规律：4∶00和12∶00为积累高峰，22∶00和24∶00为积累低谷。一般而言，白天均可采收益母草，而不必刻意去追求积累高峰）。选晴天，用镰刀齐地割下地上部分晒干或烘干。采收种子（茺蔚子）以全株花谢、下部果实成熟时采收。

第三节　薄　荷

一、概述

薄荷，中药名，是唇形科薄荷属多年生草本植物薄荷的干燥地上部分，别名：野薄荷、夜息香。全草味辛，性凉。归肺、肝经。功效宣散风热，清头目，透疹。用于风热感冒，风温初起，头痛，目赤，喉痹，口疮，风疹，麻疹，胸胁胀闷。

薄荷株高20~100cm。茎方形，被逆生的长柔毛及腺点。单叶对生，叶片长卵形至椭圆状披针形，长3~7cm，先端锐尖，基部阔楔形，边缘具细尖锯齿，密生缘毛，上面被白色短柔毛，下面被柔毛及腺点。轮伞花序腋生，花萼钟状5裂，裂片近三角形，具明显的5条纵脉，外面密生白色柔毛及腺点；花冠二唇形，紫色或淡红色，有时为白色，花冠外面光滑或上面裂片被毛，内侧喉部被一圈细柔毛；雄蕊4个，花药黄色，花丝丝状，着生于花冠筒中部，伸出花冠筒外；子房4深裂，花柱伸出花冠筒外，柱头2歧。小坚果长1mm，藏于宿萼内。花期8—10月。果期9—11月。

薄荷对环境条件适应能力较强，在海拔2 100m以下地区可生长，多生于水旁潮湿地，薄荷对土壤的要求不十分严格，除过沙、过黏、酸碱度过重以及低洼排水不良的土壤外，一般土壤均能种植，以沙质壤土、冲积土为好。土壤酸碱度以pH值为6~7.5为宜。全国大部分地区均产，主产江苏、浙江、江西等省。

二、栽培技术

（一）整地选地

选择有排灌条件的，光照充足向阳的池塘边、院内、水渠边等零散土地，以土质肥沃，地势平坦为好。沙土，光照不足、干旱易积水的土地不易栽种，忌连作。要求深翻地20~25cm，施腐熟的堆肥、土杂肥和过磷酸钙、骨粉等作基肥，每亩2 500~3 000kg，把肥料翻入土中，耙细整平浇足底墒水。

（二）繁殖方式

薄荷繁殖方式可分为根茎繁殖、分株繁殖（播种育苗）和扦插繁殖。

1. 根茎繁殖

培育种根于4月下旬或8月下旬进行。在田间选择生长健壮、无病虫害的植株作母株，按株行距20cm×10cm种植。在初冬收割地上茎叶后，根茎留在原地作为种株。

2. 分株繁殖

薄荷幼苗高15cm左右，应间苗、补苗。利用间出的幼苗分株移栽。

3. 扦插繁殖

5—6月，将地上茎枝切成10cm长的插条，在整好的苗床上，按行株距7cm×3cm进行扦插育苗，待生根、发芽后移植到大田培育。

三、田间管理

（一）大田移栽

薄荷在第二年早春尚未萌发之前移栽，早栽早发芽，生长期长，产量高。栽时挖起根茎，选择粗壮、节间短、无病害的根茎作种根，截成7～10cm长的小段，然后在整好的畦面上按行距25cm，开10cm深的沟。将种根按10cm株距斜摆在沟内盖细土、踩实、浇水。

（二）摘心打顶

5月当植株旺盛生长时，要及时摘去顶芽，促进侧枝茎叶生长，有利增产。

（三）中耕除草

全苗后进行中耕除草，以保墒、增温、消灭杂草、促苗生长。封垄前中耕除草2~3次。收割前拔净田间杂草，以防其他杂草的气味影响薄荷油的质量。

（四）适时追肥

在苗高10~15cm时开沟追肥，每亩施尿素10kg，封行后喷施叶面肥和磷酸二氢钾100g+尿素100g 2次。

（五）浇水

薄荷前中期需水较多，特别是生长初期，根系尚未形成，需水较多，一般15天左右浇一水，从出苗到收割要浇4~5次水。封垄后应适量轻浇，以免茎叶疯长，发生倒伏，造成下部叶片脱落，降低产量。收割前20~25天停水。

（六）病虫害防治

1. 病害

（1）黑胫病。发生于苗期，症状是茎基部收缩凹陷，变黑、腐烂，植株倒伏、枯萎。防治方法：发病期间亩用70%的百菌清或40%多菌灵100~150g，对水喷洒。

（2）薄荷锈病。5—7月易发，用25%粉锈宁1 000~1 500倍液对叶片喷雾。

（3）斑枯病。5—10月发生，发病初期喷施65%的代森锌500倍液，每周1次即可控制。

2. 虫害

薄荷主要虫害为造桥虫。为害期在6月中旬到8月下旬。一般虫口密度达10头/m²时，每亩可用敌杀死15~20mL，喷洒1~2

次，或用80%敌敌畏1 000倍喷洒。

四、采收

薄荷的采收期应掌握在薄荷生长最旺盛时或开花初期，含油量最高时采收。薄荷每年收割1～2次。第一次于6月下旬至7月上旬，但不得迟于7月中旬，否则，影响第二次产量。第二次在10月上旬开花期进行。收割时，选在晴天10：00后至16：00前，以12：00至14：00最好，此时收割的薄荷叶中所含薄荷油、薄荷脑含量最高。

第四节　紫　苏

一、概述

紫苏是唇形科紫苏属1年生草本植物，别名：桂荏、白苏、赤苏、红苏、黑苏、白紫苏、青苏、苏麻、水升麻。以全草入药，味辛，性温。归肺、脾经。功效解表散寒，行气和胃。用于风寒感冒，咳嗽呕恶，妊娠呕吐，鱼蟹中毒。

紫苏全株具特异芳香。茎直立，株高30～100cm，紫色或绿紫色，圆角四棱形，上部多分枝，具有紫色关节的长柔毛。叶对生，叶柄长2.5～7.5cm，有紫色或白色节毛，叶片皱，卵形或圆卵形，先端突尖或长尖，基部圆形或广楔形，边缘有锯齿，两面紫色，或上面绿色，下面紫色，两面疏生柔毛，下面有细油点。总状花序稍偏侧，顶生及腋生，苞卵形，全缘；花萼钟形，花冠管状，先端2唇形，紫色。小坚果褐色，卵形，含1种子。花期6—7月。果期7—8月。

紫苏适应性很强，对土壤要求不严，以排水良好的沙质壤上、壤土、黏壤土为好，房前屋后、沟边地边、肥沃的土壤上栽培，生长良好。前茬作物以蔬菜为好。果树幼林下均能栽种。全国各地都有栽培。

二、栽培技术

（一）选地整地

选择阳光充足、排灌方便，表土不易板结、通气保水性好、含腐殖质较高的肥沃土地。每亩均匀施用腐熟的鸡羊粪200kg或浓人粪尿400kg。翻入土内，晒垡10天后，再撒施复合肥5kg、尿素2kg做底肥。肥土混匀耙平整细后做床。

（二）繁殖方式

1. 直播

春播，北方4月中下旬。播种前在床面喷洒300倍除草通药液除草。喷药后7~10天播种，直播在畦内进行条播，按行距60cm开沟深2~3cm，把种子均匀撒入沟内，播后覆薄土并稍压实，有利于出苗。穴播：行距45cm，株距25~30cm穴播，浅覆土。播后立刻浇水，保持湿润，播种量每公顷15~18kg，直播省工，生长快，采收早，产量高。

2. 育苗移栽

在种子不足，水利条件不好，干旱地区采用此法。苗床应选择光照充足暖和的地方，施农家肥料，加适量的过磷酸钙或者草木灰。4月上旬畦内浇透水，待水渗下后播种，覆浅土2~3cm，保持床面湿润，一周左右即出苗。苗齐后间过密的苗子，经常浇水除草，苗高3~4cm，长出4对叶子时移栽。栽植头一天，育苗地浇透水。做移栽时，根完全的易成活，随拔随栽。株距30cm，开沟深15cm，把苗排好，覆土，浇水或稀薄人畜粪尿，1~2天后松土保墒。每公顷栽苗15万株左右，天气干旱2~3天浇1次水，以后减少浇水，进行蹲苗，使根部生长。

三、田间管理

（一）除草间苗定苗

植株生长封垄前要勤除草，直播地区要注意间苗和除草，条播地苗高15cm时，按30cm定苗，多余的苗用来移栽。直播地的植株生长快，如果密度高，造成植株徒长，不分枝或分枝的很少。虽然植株高度能达到，但植株下边的叶片较少，通风透光不好都脱落了，影响叶子产量和紫苏油的产量。同时，茎多叶少，也影响全草的规格，故要早间苗。植株封垄前必须勤锄，特别是直播容易滋生杂草，做到有草即除。浇水或雨后土壤易板结，应及时松土。

（二）追肥

紫苏生长时间比较短，定植后2个半月即可收获全草，又以全草入药，故以氮肥为主。在封垄前集中施肥。出苗后可隔1周施化肥1次，每次亩施13~20kg，全生育期施肥量100~130kg。若用人畜粪尿追施，6—8月每月1次，每次1 500kg左右，第一次由于苗嫩施肥宜淡，最后1次追肥后要培土。直播和育苗地，苗高30cm时追肥，在行间开沟每亩施人粪尿1 000~1 500kg，或硫酸铵10kg，过磷酸钙15kg，松土培土把肥料埋好。第二次在封垄前再施1次肥，方法同上。但此次施肥注意不要碰到叶子。

四、采收

穗紫苏的栽培育苗期间用黑色农膜早晚覆盖，使每天日照时数在8小时以内。每3~4株定植1丛，行株距10~12cm，每亩5万~6万丛。除施足腐熟有机肥做基肥外，缓苗后穴施1次"一特"蔬菜专用肥，每亩20kg左右。穗长至6~8cm时即可采收。选择晴天割下地上部分植株晾干。

第五节 荆 芥

一、概述

荆芥是唇形科荆芥属1年生草本植物，别名：香荆荠、线荠、四棱秆蒿、假苏。以全草入药，味辛，性微温。归肺、肝经。功效解表散风，透疹。用于感冒，头痛，麻疹，风疹，疮疡初起。荆芥治便血，崩漏，产后血晕。

荆芥株高60~90cm。茎直立四棱形，基部稍带紫色，上部多分枝，全株被短柔毛，叶对生，羽状深裂，茎基部的叶片5裂，中部及上部的叶片3~5裂，线形或披针形，两面均被柔毛：下面具凹陷腺点，穗状轮伞花序，多密集于枝端，长3~8cm；苞片叶状线形，绿色无柄。花萼钟形，花冠淡紫色，2唇形。小坚果4，卵形或椭圆形，棕色。花期6—8月。果期7—9月。

荆芥的适应力很强，性喜阳光，多生长在温暖湿润的环境中，对土壤要求不严，一般土壤都能种植，但以在疏松、肥沃的土壤上生长较好，高温多雨季节怕积水，短期积水会造成死亡。种子容易萌发，发芽对温度要求不严格，种子在15~20℃即可发芽，生长适温为20~25℃，幼苗能耐0℃左右的低温。荆芥耐高温，较耐寒，但-2℃以下会出现冻害，忌连作。全国大部分地区有分布。主产江苏、江西、湖北、河北等省地。

二、栽培技术

（一）选地整地

选择疏松肥沃，排水良好的沙质壤土、油沙土、夹沙土栽培为宜，耙平整细，浇足底墒水。

（二）繁殖方式

荆芥以种子繁殖。荆芥出苗期要求土壤湿润，怕干旱和缺水。成苗期喜干燥的环境，雨水多则生长不良。

1.播种

荆芥可撒播和条播，以条播为主，春播、夏播都可。按行距20cm开0.5cm深的浅沟，将种子均匀撒入沟内或畦面，覆一层薄细土，保持土壤湿润，1周左右即发芽。每亩用种量0.5～1kg。

2.选种留种

在田间选株壮、枝繁，穗多而密，又无病虫的单株或田块留作种用，种子需充分成熟、饱满、呈深褐色或棕褐色时采收。

三、田间管理

（一）间苗补苗

苗期应保持土壤湿润。苗5cm高时间苗，株距以不拥挤为宜。生长期间注意间苗、补苗。

（二）除草

苗期注意除草。中耕除草1～2次，幼苗期浅锄，以免损伤幼苗。

（三）追肥浇水

以氮肥为主，适当施用磷钾肥。一般追肥3次。幼苗期遇旱及时浇水；遇涝及时排除积水。

（四）病虫害防治

1.病害

（1）立枯病。注意排水或选用高畦栽种，发病时用灭菌剂401的800倍液或50%多菌灵1 000倍液浇灌。

（2）黑斑病。可拔除病株烧毁，或用65%代森锌可湿性粉剂500倍液防治。

（3）茎枯病。于发病初期用大生或代森锰锌1 500倍液防治，连喷3次。

2.虫害

荆芥主要虫害主要为银纹夜蛾，用高效氯氰菊酯1 500倍液防治。

四、采收加工

春播的药用芥穗，在半籽半花时采收；夏播的药用全荆芥，秋天割下，晒干后捆成把为全荆芥。

第六节 香青兰

一、概述

香青兰是唇形科青蓝属一年生草本植物，别名：青兰、摩眼子、枝子花、山薄荷、炒面花、山香。内蒙古地区俗名"兰凤烟"。以全草入药，味辛、苦，性凉。功效清肺解表，凉肝止血。用于感冒，头痛，喉痛，气管炎哮喘，黄疸，吐血，衄血，痢疾，心脏病，神经衰弱，狂犬咬伤。

香青兰全株具有香气，株高6～40cm，全株密被短毛；茎直立四棱形，由基部分枝；基生叶卵圆状三角形，具长柄，下部茎生叶与基生叶近似，具与叶片等长之柄；叶片长圆状披针形，长3～5cm，宽1～2cm，边缘具钝锯齿；轮伞花序生于茎或分枝上部5～12节处，占长度3～11cm；花萼2唇形，上唇3浅裂，下唇2深裂；花冠2唇形，蓝紫色，长2～3cm，外密被短柔毛；雄蕊2强；小坚果长约2.5mm，长圆形，光滑。花果期6—9月。

香青兰生于干燥山地、丘陵、草地林缘、山坡、路旁梯田地埂、山崖等地。喜温暖阳光充足，耐干旱，耐瘠薄但不耐涝（浸灌积水3～4小时出现部分根烂死）。分布区内年平均气温6～10℃，最低温可达-30℃，其1年生苗及自然脱落的种子可以安全越冬，土壤由黏至沙均有生长。苗期要求土壤湿润，成株较耐旱。香青兰多野生，分布于黑龙江、吉林、辽宁、内蒙古、河北、山西、河南、陕西、甘肃及青海等省（区）。

二、栽培技术

（一）选地整地

香青兰对土壤要求不严格，重盐碱地、低洼易涝地不能种植。播种时需将土地整平耙细，亩施农家肥1 000kg，三元复合肥40kg，随整地均匀翻入土地内。

（二）繁殖方式

香青兰是用种子繁殖的。

1. 种子采收

采收种子在8月下旬或9月上旬，留种田植株大部分果实成熟时（花序中、下部的花萼变枯黄时），将花序剪下，阴干或晒干脱粒，去净杂质，装入布袋放阴凉干燥处贮存。

2. 播种时间

于4—5月播种，播后10～15天出苗，经温水浸种的种子播后6天出苗。

3. 播种方式

采用开沟条播法，行距40～46cm。播深2cm，由于种子细小，土地要整平整细，开沟后将种子均匀撒入沟内，然后覆土压实，每亩用种子1.5～2kg。

三、田间管理

（一）间苗定苗

播后14天苗可出齐，苗高5～7cm时进行定苗，每隔10cm留苗1株，药用收全草者稍密植无妨，留种者株距15cm。

（二）除草、松土、浇水追肥

生长期间注意除草、松土和浇水。6月现蕾时追肥1次，以氮、磷为主，每亩用尿素20kg，过磷酸钙30kg，以提高全草的产量和挥发油的含量。留种田施肥可以促使种子饱满，提高种子的产量。

四、采收

7月当花盛开时，此时植株生长旺盛，收割全草产量高、精油含量也高。方法是用镰刀将全株割下，阴干或晒干。以花多、叶色绿、香气浓郁者为佳。干后切段备用。每亩收干草250～300kg。

第七节　蒲公英

一、概述

蒲公英是菊科蒲公英属多年生宿根草本植物，别名：婆婆丁。以带根全草入药，味苦、甘，性寒，归肝、胃经。功效清热解毒；消痈散结。主治乳痈肺痈，肠痈，疖腮，疔毒疮肿，目赤肿痛，感冒发热，咳嗽，咽喉肿痛，胃火肠炎，痢疾肝炎，胆囊炎，尿路感染，蛇虫咬伤。

蒲公英全株含白色乳汁，株高10～25cm。根深长，单一或分枝。根生叶排成莲座状。叶片矩圆状披针形、倒披针形或倒卵形，先端尖或钝，基部狭窄，下延成叶柄状，边缘浅裂或作不规则羽状分裂，裂片齿牙状或三角状，全缘或具疏齿，绿色，或在边缘带淡紫色斑，被白色丝状毛。花茎上部密被白色丝状毛；头状花序单一，顶生，直径2.5～3.5cm，全部为舌状花，两性：总苞钟状，总苞片多层。花冠黄色。瘦果倒披针形，长4～5mm，宽约1.5mm，外具纵棱，有多数刺状突起，顶端具喙，着生白色冠毛。花期4—5月。果期6—7月。

生长于山坡草地、路旁、河岸沙地及田野间。全国大部地区均有分布。

二、栽培技术

（一）选地整地

选疏松肥沃、排水良好的沙质壤土种植。亩施有机肥2 000～3 500kg，混合过磷酸钙15kg，均匀地撒到地面上。深翻20～25cm，整平耙细，浇足底墒水后待播。

（二）繁殖方式

蒲公英繁殖可分为种子繁殖和分根繁殖。

1. 采种处理

采种时可将蒲公英的花盘摘下，放在室内存放后熟1天，待花盘全部散开，再阴干1～2天至种子半干时，用手搓掉种子尖端的绒毛，然后晒干种子备用。

2. 种子处理

为提早出苗可采用温水烫种催芽处理，即将种子置于50～55℃温水中，搅动至水凉后，再浸泡8小时，捞出种子包于湿布内，放在25℃左右的地方，上面用湿布盖好，每天早晚用温水洗1次，3～4天种子萌动即可播种。成熟的蒲公英种子没有休眠期，当气温在15℃以上时即可将种子播在湿润土壤中。经过4天左右即可发芽。种子在土壤温度15℃左右时发芽较快，在30℃

以上时，发芽慢，所以，从初春到盛夏都可进行播种。

3. 播种

蒲公英种子无休眠期，成熟采收后的种子，从春到秋可随时播种。根据场需求，冬季也可在温室内播种，露地直播采用条播，在畦面上按行距25～30cm开浅横沟，播幅约10cm，种子播下后覆土1cm，然后稍加镇压。播种量每亩0.5～0.75kg。平畦撒播，亩用种1.5～2.0kg。品质优良的蒲公英良种每亩的播种量仅为25～50g。播种后盖草保温，出苗时揭去盖草，约6天可以出苗。

三、田间管理

（一）播种当年的田间管理

出苗前，保持土壤湿润。如果出苗前土壤干旱，可在播种畦的畦面先稀疏散盖一些麦秸或茅草；然后轻浇水，待苗出齐后用杈子扒去盖草；出苗后应适当控制水分，使幼苗苗壮生长，防止徒长和倒伏；在叶片迅速生长期，要保持田间湿润，以促进叶片旺盛生长；冬前浇1次透水，然后覆盖马粪或麦秸越冬。也可以不用覆盖。

（二）中耕除草

当蒲公英出苗10天左右可进行第一次中耕除草，以后每10天左右中耕除草1次，直到封垄为止；做到田间无杂草。封垄后可人工拔草。

（三）间苗、定苗

结合中耕除草进行间苗定苗。出苗10天左右进行间苗，株距3~5cm，经20~30天即可进行定苗，株距8~10cm，撒播的株距5cm定苗。

（四）肥水管理

蒲公英抗病抗虫能力很强，一般不需进行病虫害防治，田间管理的重点主要是肥和水。蒲公英虽然对土壤条件要求不严格，但是它还是喜欢肥沃、湿润、疏松、有机质含量高的土壤。所以在种植蒲公英时，每667m²施2 000~3 500kg农家肥作底肥，每667m²还需施17~20kg硝酸铵作种肥。播种后，如果土表没有覆盖，就应经常浇水，保持土壤湿润，以保证全苗。出苗后，也要始终保持土壤有适当的水分。生长期间追1~2次肥。并经常浇水，保持土壤湿润，以保证全苗及出苗后生长所需。播种当年的幼嫩植株可以不采叶，等到第二年才开始采收，此时植株品质好，产量高。秋播等入冬后，在畦面上每亩撒施有机肥2 500kg、过磷酸钙20kg，既起到施肥作用，又可以保护根系安全越冬。翌春返青后可结合浇水施用化肥（亩施尿素10~15kg、过磷酸钙8kg）。为提早上市，早春可采用小拱棚覆盖。秋末冬初，应浇1次透水，然后在畦面覆盖马粪或麦秸等，以利根株越冬和翌年春季较早萌发新株。

（五）病虫害防治

蒲公英抗病虫力强，通常没有病害虫，不需要进行药剂防治。但有时会发生蚜虫，可用溴氰菊酯等药剂进行喷雾防治。

四、采收

蒲公英可分批采摘外层大叶供食，或用镰刀割取心叶以外的叶片食用，每隔30天割1次。采收时可用镰刀或小刀挑割，沿地表1~2cm处平行下刀，保留地下根部，以长新芽。先挑大株收，留下中、小株继续生长。也可一次性整株割取上市，一般每亩地每次可收割700~1 000kg。蒲公英整株割取后，根部受损流出白浆，10天内不宜浇水，以防烂根。蒲公英作中药材用时可在晚秋时节采挖带根的全草，去掉泥土后晒干，以备药用。

第五章　皮类药材

第一节　白鲜皮

一、概述

白鲜皮，中药名，是芸香科多年生草本植物白鲜和狭叶白鲜的根皮，别名：白藓皮、八股牛、山牡丹、羊鲜草。味苦，性寒。归脾、胃、膀胱经。功效清热燥湿，祛风解毒。用于湿热疮毒，黄水淋漓，湿疹，风疹，疥癣疮癫，风湿热痹，黄疸尿赤。

白鲜皮全株有特异的刺激味。根木质化，数条丛生，外皮淡黄白色。茎直立，高50~65cm。单数羽状复叶互生；有叶柄；叶轴有狭翼，小叶通常9~11片，无柄，卵形至长圆状椭圆形，长3.5~9cm，宽2~4cm，先端锐尖，边缘具细锯齿，表面密布腺点，叶两面沿脉有柔毛，尤以背面较多，至果期脱落，近光滑。总状花序，花轴及花梗混生白色柔毛及黑色腺毛；花梗基部有线状苞片1枚。花淡红色而有紫红色线条；萼片5片，长约花瓣的1/5；花瓣5瓣，倒披针形或长圆形，基部渐细呈柄状；雄蕊10；子房5室。蒴果，密被腺毛，成熟时5裂，每瓣片先端有一针尖。种子2~3枚，黑色，近圆形。花期5—7月。果期7—8月。

生于山地灌木丛中及森林下，山坡阳坡。白鲜喜欢温暖湿润气候，耐寒怕旱，怕涝，怕强光照。主产黑龙江、吉林、辽宁、内蒙古、河北、山东、河南、山西、宁夏、甘肃、陕西、新疆、安徽、江苏、江西（北部）、四川等省区。

二、栽培技术

（一）选地整地

育苗地应选择阳光充足、土质肥沃疏松、排水良好的沙质壤土平地或缓坡地，低洼易涝、盐碱地或重黏土地不适宜，最好应有排灌条件。深翻地25～30cm，同时，根据肥力情况每亩施充分腐熟农家肥1 500～2 000kg。打碎土块后做床，床宽1～1.2m，高15～20cm；移栽地应选缓坡地，要注意排水良好，山区可以利用阳光充足的山坡荒地、果园及人工幼林的行间栽培，也可以利用低矮灌丛空间栽培。

（二）繁殖方式

白鲜皮主要用种子繁殖，先集中育苗，生长1～2年再进行分栽。

1. 种子处理

白鲜皮种子必须经过层积处理（冷处理）才能出苗。方法：将白鲜种子用水浸泡后，与湿润的河沙按种子和河沙1：3的比例混拌均匀后，装入沙袋内埋放到阴冷处，第二年春天播种。秋播种子不需处理。

2. 播种

白鲜皮种子采收后晾晒5～7天，放在阴凉通风处贮存，10月上旬至11月初，进行秋季播种。如果不能秋播，将种子放在室外进行低温冷冻，翌春4月中旬至5月上旬播种。秋季播种出苗早、苗齐。播种时搂平床面，按行距12～15cm开沟，沟深4~5cm，踩好底格，将种子同细沙一起播到沟内，盖土3~4cm，每平方米播种量10~15g。盖土后床面稍加镇压，有条件的床面盖一层稻草保湿，有利出苗。

3.移栽

白鲜皮幼苗生长1~2年，在秋季地上部枯萎后或翌春返青前移栽。将苗床内幼苗全部挖出，按大小分类，分别栽植，行距25~30cm，株距20~25cm，根据幼苗根系长短开沟或挖穴，顶芽朝上放在沟穴内，使苗根舒展开。盖土要过顶芽4~5cm，盖后踩实，干旱时栽后要浇透水。

三、田间管理

（一）育苗田管理

白鲜皮育苗田出苗时应逐次将床面的覆盖物除去，生长期内要经常除草松土，雨季应做好田间排水。2年生苗在生长盛期适当追施氮磷肥，也可用0.3%~0.5%磷酸二氢钾液进行叶面喷肥。秋季地上部分枯萎之后，除去残存茎叶，向床面盖土2~3cm，以利幼苗越冬。

（二）移栽田管理

白鲜皮移栽田经常松土除草，每次除草后要向茎基部培土，防止幼根露出地表。7—8月高温多雨季节做好排水，防止田间积水造成烂根，同时，增施磷钾肥。不采种子的植株在孕蕾初期剪去花蕾，以利根部生长。秋季枯萎后，及时割去茎叶，床面盖土或盖1层充分腐熟的农家肥，俗称施"盖头粪"，利于根部越冬和翌年植株生长。

（三）留种

留种田应选生长4年以上的健壮植株，平时应加强管理，花期增施磷钾肥，雨季注意排水。种子在7月中旬开始成熟，要随熟随采，防止果瓣自然开裂，使种子落地。果实绿色开始变为黄色、果瓣即将开裂时即可采取。每天10：00前趁潮湿时将果子剪下，放阳光下晾晒，上面盖一透明塑料布，以防止种子弹到他处。果实全部晒干开裂后再用木棒拍打，除去果皮及杂质，将种子贮存或秋季播种。

（四）病虫害防治

1. 病害

（1）霜霉病。霜霉病通常在4—5月开始发病，多发生在叶部，叶初生褐色斑点，渐在叶背产生1层霜霉状物，使叶片枯死，可用40%乙膦铝可湿性粉剂200倍液，或50%瑞毒霉500倍液、甲基托布津800倍液喷射。

（2）菌核病。菌核病通常在7月中旬发病，为害茎基部，初呈黄褐色或深褐色的水渍状梭形病斑，严重时茎基腐烂，地上部位倒伏枯萎，土表可见菌丝及菌核，可用3%菌核利或1：3石灰和草木炭混合后撒入畦面，或用5%氯硝铵粉剂撒施。

（3）锈病。锈病通常在7月上、中旬发病，在初期叶现黄绿色病斑，后变黄褐色，叶背或茎上病斑隆起，散出锈色粉末，可用60%代森锌可湿性粉剂500倍液喷射，或用25%粉锈宁可湿性粉剂1 000倍液喷射。

2. 虫害

（1）地老虎。地老虎主要为害幼苗及块茎，防治方法：用糖醋液诱杀。或用黑光灯诱杀地老虎成虫。

（2）蝼蛄、金龟子幼虫、种蝇。用辛硫磷颗粒剂与种子混合播入土壤中，防治效果很好。种蝇可用敌百虫灌根。

四、采收加工

白鲜皮移栽后生长2～3年，在秋季植株地上部分枯萎后或翌春返青前采收药用根部，以秋季采收好。先割去地上茎叶，从苗床一端开始将根全部挖出，去掉泥土及残茎，放阳光下晾晒。晒至半干时除去须根，将根抽去中间硬芯（木质部），再晒至全干。2.8～3.3kg鲜根可晒干品1kg，亩产干品300～350kg。

第二节　黄　檗

一、概述

黄檗是芸香科黄檗属落叶乔木，别名：黄菠萝、黄柏、关黄柏、黄伯栗。中药名，黄柏，是黄檗树茎的内皮。性寒，味苦。归肾经、膀胱经。功效清热燥湿、泻火除蒸、解毒疗疮。属清热药下属分类的清热燥湿药。

黄檗树高10～12m。树皮暗棕色，薄，开裂，无加厚的木层，内层黄色，有黏性。奇数羽状复叶对生；小叶7～15枚，有短柄，矩圆状披针形至矩圆状卵形，长9～15cm，宽3～5cm，顶端长渐尖，基部宽楔形或圆形，不对称，近全缘，下面密生长柔毛。花序圆锥状；花序轴密生短毛；花单性，雌雄异株；萼片5片；花瓣5～8瓣。果轴及果枝粗大，常密生短毛。核果球形，浆果状，黑色。花期5—6月，果熟期10月。

黄檗对土壤适应性较强，适生于土层深厚湿润、通气良好、含腐殖质丰富的中性或微酸性壤质土。在河谷两侧的冲积土上生长最好，在沼泽地、黏土上和瘠薄的土地上生长不良。黄檗在东北林区，常散生在河谷及山地中下部的阔叶林或红松、云杉针阔叶混交林中；在河北山地则常为散生的孤立木，生于沟边及山坡中下部的杂木林中。主产于东北和华北各省，河南省、安徽省北部、宁夏回族自治区也有分布，内蒙古自治区有少量栽种。

二、栽培技术

（一）选地整地

黄檗为阳性树种，山区、平原均可种植，但以土层深厚、便于排灌、腐殖质含量较高的地方为佳，零星种植可在沟边路旁、房前屋后、土壤比较肥沃、潮湿的地方种植。在选好的地上，按穴距3～4m开穴，穴探30～60cm、80cm见方，并每穴施入农家肥5～10kg做底肥。育苗地则宜选地势比较平坦、排灌方便、肥沃湿润的地方，每亩施农家肥3 000kg作基肥，深翻20～25cm，耙细整平后，作成1.2～1.5m宽的畦。

（二）繁殖方式

黄檗繁殖方法主要用种子繁殖和分根繁殖。

1. 种子繁殖

春播或秋播均可。春播宜早不宜晚，一般在3月上中旬，内蒙古地区应在4月上中旬（北部可根据物候期定）。

（1）种子处理。播前用40℃温水浸种1天，然后进行低温或冷冻层积处理50～60天，待种子裂口后即可播种。

（2）播种。按行距30cm开沟条播。播后覆土，搂平稍加镇压、浇水，秋播在11—12月进行，内蒙古中东部地区在10—11

月。播前20天湿润种子至种皮变软后播种。每亩用种2~3kg。一般4—5月出苗，培育1~2年后，当苗高40~70cm时，即可移栽。

（3）移栽。时间在冬季落叶后至翌年新芽萌动前，将幼苗带土挖出，剪去根部下端过长部分，每穴栽1株，填土一半时，将树苗轻轻往上提，使根部舒展后再填土至平，踏实，浇水。

2. 分根繁殖

在休眠期间，选择直径1cm左右的嫩根，窖藏至第二年春解冻后扒出，截成15~20cm长的小段，斜插于土中，上端不能露出地面，插后浇水。也可随刨随插。1年后即可成苗移栽。

三、田间管理

（一）间苗、定苗

黄檗苗齐后应拔除弱苗和过密苗。一般在苗高7~10cm时，按株距3~4cm间苗；苗高17~20cm时，结合中耕除草按株距7~10cm定苗。

（二）除草、施肥、浇水

每年夏秋两季，应中耕除草与施肥2~3次。施肥每次每亩施人畜粪水2 000~3 000kg，定植后于每年入冬前施1次农家肥，每株沟施10kg。出苗期间及定植半月以内应经常浇水保持土壤湿润，夏季高温也应及时浇水降温，雨季应及时排除积水。

（三）病虫害及其防治

1. 病害

（1）锈病。锈病是叶部的主要病害。防治方法：喷25%

粉锈宁可湿性粉剂700倍液或0.2～0.3波美度的石硫合剂，每隔7～10天喷1次，连续喷2～3次。

（2）轮纹病。发病初期叶片出现近圆形病斑，后期叶片上生小黑点。防治方法：一是在1～3年幼苗期，喷施1∶1∶160波尔多液、70%甲基托布津800倍液或65%代森锌500倍液。二是清洁园地，集中处理病株残体。

2. 虫害

（1）黄凤蝶。为害叶片。防治方法：在低龄幼虫期，喷90%敌百虫800倍液，隔5～7天再喷1次；在幼虫3龄以后喷每克含菌量100亿的青虫菌300倍液，每隔10～15天喷1次，连续喷2～3次。

（2）地老虎。以幼虫为害，咬断根茎。防治方法：一是施用的粪肥要充分腐熟，最好用高温堆肥。二是田间发生期用90%敌百虫1 000倍液或75%辛硫磷乳油700倍液浇灌。三是毒饵诱杀：每亩用50%辛硫磷乳油250mL与5kg炒香的豆饼或麸皮拌匀，加适量水配成毒饵，于傍晚撒于田间或畦面诱杀。

（3）蚜虫。防治方法：冬季清园，将枯株和落叶深埋或烧毁；发生期喷吡虫啉1 500～2 000倍液或80%敌敌畏乳油1 500倍液或50%杀螟松1 000～2 000倍液，每7～10天喷1次，喷洒次数依虫情而定。

四、采收加工

（一）采收时间

通常在黄柏定植10～15年后开始采收。一般在黄柏生长旺盛、树皮易剥落也易愈合再生的5—6月进行采收。采收年限不可太短，年限短则皮张薄而小，品质差。

（二）采收方法

一般是砍树剥皮，将树干砍倒，按80～90cm长度剥下树皮。为保护黄柏资源，使之能持续利用，采取活树环剥，让被剥皮的黄柏继续生长，再生出新皮。环剥时间以初夏季节的阴天为宜，树龄在10年以上，树干胸围30～50cm。

（三）环剥技术

在剥皮前1周给黄柏树浇透水，没有条件浇水的地方，最好在下透雨以后及时剥皮；剥皮应在阴雨天或晴天16：00以后进行，不得在下雨天剥皮。剥皮前要准备好剥皮刀、牛皮纸或塑料薄膜（用于包裹剥面）、捆扎绳等；剥皮时入刀手法要准，动作要快，既要把树皮割断，又不能割伤形成层和木质部；剥皮过程中，不要让工具或手等硬物碰伤剥皮后留下的木质部表面，否则会影响新皮的再生；剥皮后要注意保护剥面。

1. 环状剥皮法

在黄柏树干基部近地面20cm处和上部树干分枝处分别环割一刀，然后在两环之间纵割一刀，并从纵割处向两侧剥皮。剥皮的具体方法和环剥的高度各地有一些差异，有的地方剥皮时在主干中央留1条宽10cm左右的树皮带以利于输送养分。

2. 带状剥皮法

即按照商品需要规格、长度，在主干上割取带状或条状树皮，特点是不影响黄柏树的生长发育，再生新皮成功率高，缺点是树皮较小。

活树环状剥皮后要注意保护剥面。特别是南方产区剥皮季节雨水多、气温高，剥面极易感病，愈伤组织腐烂，新皮不能形成，黄柏树极易枯死。可采取以下措施。

（1）选择适宜的剥皮时间，一般5—6月为好，避开多雨高温易发病时期。

（2）剥皮要严格遵守操作规程，防止机械损伤剥面；剥皮后喷高效黄柏增皮灵（由2，4-D和NAA等组成），或者喷京2-B薄膜剂，以保护剥面不受病菌感染。

（3）用塑料薄膜包裹剥面，做法是先在剥面上端间隔一定距离捆4～5个小木条，然后将薄膜从小木条上面向下面包裹剥面，薄膜下端不捆扎，让其通风透气。愈伤组织形成新皮时揭去薄膜。

（四）加工

将剥取的树皮，晒至半干，压平，刮去外层栓皮至露出黄色内皮为度，刷净晒干。

附件一、内蒙古中药种类及分布

一、内蒙古中药材种类

①按药用部位不同可分为：根茎类、皮类、花叶类、果实和种子类、全草类和真菌类。

②按药性功效不同可分为：解表药类、清热解毒药类、泻下药类、祛痰止咳药类、利水渗湿药类、祛风除湿药类、活血祛瘀药类、止血药类、补气养血药类和抗癌治癌药类。

二、北方内蒙古中药的分布

内蒙古自治区位于北纬37°24′～53°23′，东经97°12′～126°04′，东北部与黑龙江、吉林、辽宁、河北等省交界，南部与山西、陕西、宁夏等省相邻，西南部与甘肃省毗连，北部与俄罗斯、蒙古接壤，总面积118.3万km²，是我国北方的绿色生态屏障。境内分布2 200多种药材，著名的中药材有蒙古黄芪、乌拉尔甘草、赤芍（多伦粉赤芍、阴山赤芍和东北的白花赤芍）、防风（关防风）、麻黄、桔梗、北沙参、小秦艽、黄精、肉苁蓉、锁阳等。

境内中草药种植分布情况是：中草药黄芪主要分布在通辽、赤峰、包头、乌海、呼和浩特和巴彦淖尔；防风产区主要分布在赤峰、通辽、呼伦贝尔和锡林郭勒；桔梗产区主要分布在赤峰和通辽奈曼旗；丹参产区主要在通辽市奈曼旗；北沙参主要分布在赤峰市牛家营子一带；赤芍产区主要分布在多伦（多伦粉赤芍），武川和呼和浩特主要是阴山赤芍，东北白花赤芍主要在呼伦贝尔、霍林河；甘草产区主要分布在通辽市奈曼旗，赤峰市敖汉旗和杭锦后旗等地；麻黄产区主要分布在赤峰和通辽一带；肉苁蓉和锁阳产区主要在阿拉善和新疆维吾尔自治区。

附件二、中草药种植现状和发展方向

一、内蒙古中药的种植现状

①种植规模化程度不够。由于绝大多数中草药都是分散种植，还没有形成标准化生产（目前，还没有公认的种植标准和种植生产规程）。

②没有标准化种植规程。由于种植产品质量偏低，产品残存农药、农残、重金属，有的还有可能超标。造成一些知名医院和追求质量的饮片厂收购药材"有野生的，绝不要种植的"。

③种植户对种植中草药的积极性低。由于中草药信息混乱，各种药材信息充斥网络，让种植户眼花缭乱，难以把控。特别是一些药材商贩在中间低收高卖，造成种植户种植中草药效益低，挫伤了种植户对中草药种植的积极性。

④冷链物流链接不上。由于种植规模小，有些种植户种植的药材需要品种冷备，数量又少；虽然质量上乘，由于地处偏远山区和物流专业车辆问题，有些规模小的种植户药材照样卖不出去。

二、北方中草药产区中药材的种植方向

中草药质量安全关乎人类的身体健康和生命安全，必须高度重视，决不能片面追求效益而忽视药材质量。如何把中草药种植产品的农药、农残、重金属降到最低，中草药规格含量符合药典规定的标准以上，是今后内蒙古中药材种植研究和发展的根本

方向，种植规模化、标准化、市场化是今后中草药种植的基本方向，中草药种植区域道地化是市场决定的。当一个地区种植的道地药材连续种植一定年限后，其所种植的药材品质会表现逐渐降低，最终造成道地而不道地的结果。所以，道地药材是动态的，当然种植道地药材是今后药材种植发展的方向。人工仿野生种植是今后药材种植产业必须坚持的一个发展方向。

附件三、中草药种植品种的选择

由于中草药种植普遍投入大，再加上"药材少了是宝，多了就是草"的市场定律，中药材种植有很大的风险。所以，种植中草药要获得高效益，选对品种是关键。

①选择品种时首先必须考虑当地的生态条件，也就是说选择的种植品种的生长习性必须和当地的生态环境相适应。尽量选择当地的道地品种，道地品种就说明地区种植在全国的优越性，在市场上有竞争力！当地的气候条件与品种的生态习性适应，种植的药材品种才能生长得最好，也才能优质高效。

②选择种植品种时一定要考虑投入成本，量力而行。有些药材品种虽然市场畅销，价格也高，但过高的投入会让种植户负重前行，一旦出现天灾或市场变化，会让种植户一夜返贫，或积重难返。所以，种植成本过大的品种一定要慎重选择。

③选择市场需求大畅销的品种种植，市场需求什么就种植什么，市场上啥价格高就种啥（得看市场需求量和市场走势），尽量做到人无我有，人有我优。

对种植大户或种植合作社，可以选择多品种种植，东方不亮西方亮，这个品种不收那个品种收。一定会有一个品种或几个品种选对头，确保高效。

参考文献

王春虎，杨靖. 2016. 中草药高效生产技术[M]. 中国农业科学技术出版社.
谢小亮，杨太新. 2015. 中药材栽培实用技术500问[M]. 中国医药科技出版社.
丁万隆，陈震，王淑芳. 2010. 百种药用植物栽培答疑[M]. 中国农业出版社.